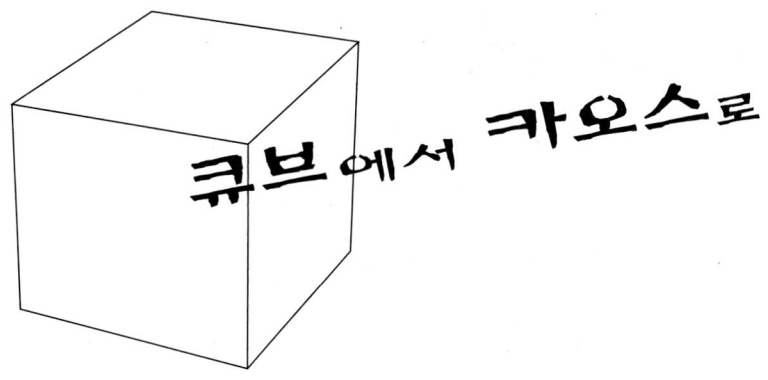

큐브에서 카오스로

큐브에서 카오스로

스기모토 토시마사 지음
고성룡 옮김

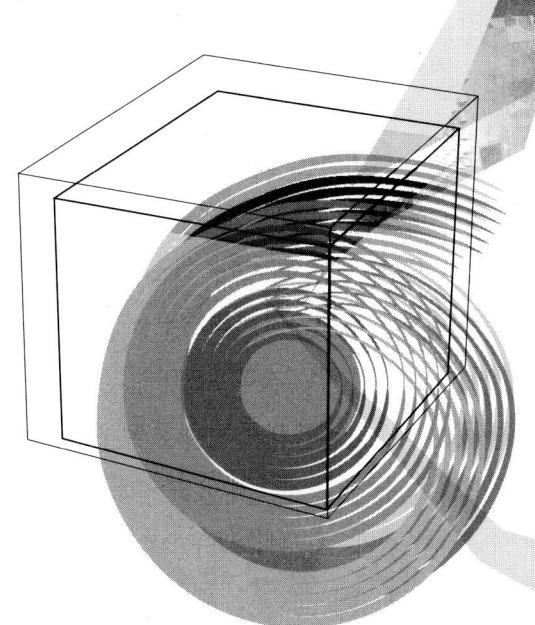

20世紀の建築思想
杉本俊多

20 SEIKI NO KENCHIKU SHISO by SUGIMOTO Toshimasa
Copyright©1998 by SUGIMOTO Toshimasa
All rights reserved.
Originally published in Japan by KAJIMA INSTITUTE
PUBLISHING CO., Tokyo
Korean translation rights arranged with KAJIMA INSTITUTE
PUBLISHING CO., Japan
through THE SAKAI AGENCY and BESTUN KOREA AGENCY

이책의한국어판저작권은일본사카이 에이전시와베스툰 코리아에이전시를통해
일본'가지마출판회'와독점계약한'발언'에있습니다.
저작권법에의해한국내에서보호를받는저작물이므로
무단전재나복제, 광전자매체수록등을금합니다.

편낸곳 도서출판발언
주소 130-070 서울시동대문구용두동 238-66 2F
출판등록 1993년6월1일제10-827호
대표전화 02-929-3546
팩스 02-929-3548
1판 1쇄 2002년 5월 10일
값 16,000원
잘못된책은교환해드립니다.
ISBN 89-7763-050-9 93610

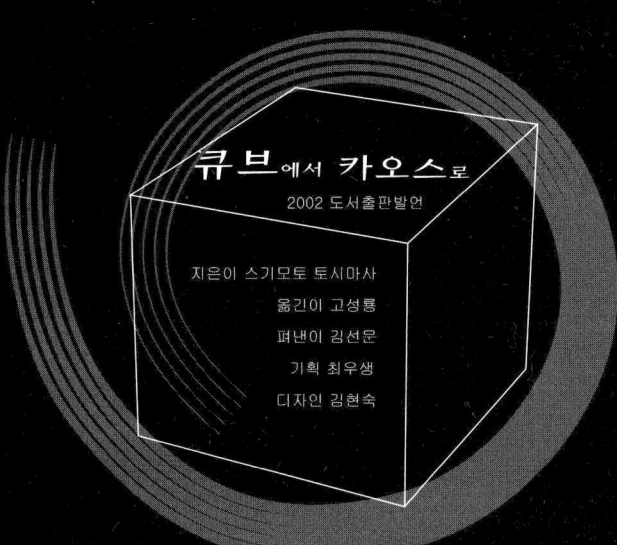

큐브에서 카오스로
2002 도서출판발언

지은이 스기모토 토시마사
옮긴이 고성룡
펴낸이 김선문
기획 최우생
디자인 김현숙

차례

옮긴이의글 8
머리말 12

I. 세기말로부터의 이륙

1. 카오스의 도가니 19
   아르누보건축의 용해현상 19
   흔들리는 곡선 23
   양식의 붕괴와 재생 30
2. 고전회귀와 추상 기하학 36
   아르누보에서 신고전주의로 36
   그리스 숭배와 단순 성지향 43
   추상적 고전주의 50

II. 이성의모험

1. 제로에서 구축하기 59
   퓨리즘의 세계상 59
   미래파의 돌파구 66
   구성주의의 구축성 71
   도법(圖法)혁명 78
   기계 모델 85
2. 1930년대 낭만주의 92
   파시즘 건축의 유혹 92
   유기주의 건축의 출발점 98

3. 공간 구조론 107
　문화 인류학의 발상 107
　어반스트럭처 113
　도시 기계인 미래도시 121

III. 전환
1. 포스트 모던 133
　감성의 복권과 매너리즘적 쾌락 133
　소비사회의 기호론 140
2. 타이폴로지 고전주의 149
　큐브의 타이폴로지 149
　팔라디오적 고전주의 157
　혼성계와 픽처레스크 163

IV. 성숙기의 풍경
1. 카오스로 여행떠나기 179
　네오바로크의 타원과 카오스화 179
　로직의 복잡성 187
2. 싹트는 시기의 새로운 패러다임 196
　에콜로지 자연주의 196
　테크놀러지 건축과 정보공간 204

결론 21세기로 215
도판출전 226

옮긴이의 글

한 세기를 마감하고 새 세기를 맞는다는 것은 큰 행운이지만 또한 불안하다. 인류 중에서 살아생전에 두 개의 세기를 맞는 사람은 많지 않은 대신에 바로 그 세기말적 현상에 시달리게 된다. 19세기말이 그러하였고 근대문명이 한 단계 진보하였다는 20세기도 이러한 세기말 현상이 사회 곳곳에서 보였다.

특히 19세기에서 20세기로 오면서 면모를 새롭게 한 건축에서 세기말 현상이 어떻게 전개되는가는 무척이나 흥미롭다. 아니 그 이전에 우리가 몸담고 살아온 20세기의 건축이 과연 어떠한 것일까 자못 궁금해진다. 현대건축을 분석하고 가르치며 만들어내는 일을 하고 있다는 옮긴이도 20세기 건축을 정리하고 이를 바탕으로 다가오는 21세기를 예측해야 한다는 일종의 세기말적 강박관념에 싸여 더욱 혼란스러웠다.

그런 중에 서울시내 어느 대형서점에서 스기모토 토시마사가 쓴 이 책 『큐브에서 카오스로-20세기의 건축사상』을 우연히 발견하였다. 이미 국내에 먼저 번역 출판된 『건축의 현대사상-포스트모더니즘 이후의 패러다임』(최재석 옮김, 발언,1998)을 통해 저자인 스기모토 교수의 근?현대건축사상에 대한 해박한 지식을 알고 있던 터라 더욱 호기심이 우러났다.

  곧바로 연구실의 대학원생들과 시간을 다투어 읽기 시작하였다. 그 동안 근대건축과 현대건축에는 이전 시대처럼 통일된 양식이 존재하기 어렵고, 춘추전국시대의 백가쟁명처럼 여러 운동이나 이즘이 혼재하다 보니 근현대건축 전체를 꿰뚫어 보기는 그리 쉽지 않았으며, 제기된 현상의 이해에만 급급하다 보니 발생 배경이나 이전 양식과의 관계를 풀기 어려웠다.

  그런데 이 책에서는 쉽게 현대건축의 흐름을 밝히고 있다. 제목으로 정해진 '큐브에서 카오스로'가 보여주듯이 명확한 관찰로써 근대건축의 발생 기원을 말하고, '큐브'로 대표되는 그 이성 중심의 근대건축이 어떻게 실험되고 전개되어 왔는가를 멋진 소제목과 개념으로 제시하고 있다.

  또한 2차 세계대전 후 전개된 현대건축의 관심인 건축과 도시에 대해서도 냉철한 관점에서 평가하고, 이후 발생되는 포스트 모던 이후의 건축을 '전환'이라는 큰 제목으로 근대건축의 한계와 이를 극복하기 위해 제시되는 현대 건축의 여러 현상들과 변수들을 적절한 예를 들어 이야기하고 있다.

그리고 동시대 건축을 하는 사람들도 언뜻 대하기 어렵고 이해하기 쉽지 않았던 탈구조주의나 해체주의로 대표되는 1980년대 후반과 1990년대 건축을 '카오스' 라는 단어와 함께 그 발생 기원과 배경을 적확하게 설명하고 있어, 뜬금 없이 나타난 타원형이나 어지러운 선의 겹침이나 면의 중첩으로만 보이는 요즈음의 건축을 통시적인 관점에서 자연스레 이해토록 안내하고 있다.

마지막으로 그 동안 근대건축 사상을 꾸준히 연구해온 지은이의 통찰력을 바탕으로 다가오는 21세기 건축을 가름하고 있다. 21세기의 큰 흐름으로 에콜로지와 정보사회를 들고, 이에 대응하는 자연주의 건축과 테크놀로지 건축을 21세기를 맞이하는 건축의 새로운 패러다임으로 제시하고 있다. 더욱이 누구나 궁금해 마지않는 21세기 건축의 먼 미래에 대해서도 '건축역사의 순환성'이라는 견해에서, 2010~20년대에 네오 아르누보를, 2030~40년대에는 네오 퓨리즘을 과감히 예견하고 있다.

이렇듯 이 책을 읽어 나가는 동안 옮긴이는 20세기 건축의 발생과 전개를 간명하게 이해하게 되었고 다가오는 21세기 건축에 대해서도 그 윤곽을 안내 받게 되어, 그야말로 세기말적 현상을 어느 면에서 넘어서게 되었다. 따라서 이 책을 여러 사람에게 소개하는 일이 급선무라고 판단하고 그 후로 여러 번 고쳐 읽어 책을 펼쳐내게 되었다. 그러나 원고를 마무리하고 나니 아쉬운 점이 많이 남는다. 이는 번역 작업의 본래 한계이거나 그보다는 턱없이 모자라는 옮긴이의 지적 능력 때문일 것이다.

끝으로 책을 열심히 옮기는 과정에서 여러 사람의 도움이 있었다. 경상대학교 건축설계연구실의 박사과정 안우진 선생님의 초벌 번역이 이 책의 출발점이 되었고, 많은 토론을 마다 않은 연구실 대학원생들에게도 감사드린다. 그리고 어려운 시기임에도 불구하고 좋은 책이라는 말만 믿고 기꺼이 출판해주신 발언출판사 김선문 사장님께 진심으로 고마움을 표한다.

2002년 1월, 고성룡

머리말

　21세기를 눈앞에 두고, 더욱더 새로운 기풍을 요구하고 있다. 세기말을 우울하게 보내고 있을 수만도 없게 되었다.

　그리고 20세기는 벌써 과거가 되어 역사의 저편으로 사라져갈 운명에 있다. 우리 자신들의 시대였다고는 하더라도 20세기는 멋지고 또한 그립다. 크게 20세기라는 시대와 그 성과를 칭찬하고 싶다. 그러나 20세기에 애정을 느끼면 느낄수록, 20세기가 인류역사 속에서 어떤 시대였는가를 볼 수 없게 된다. 게다가 21세기가 어디로 가려 하는지, 안개 속에 싸여 있는 것처럼 예측할 수 없다.

　하여튼 20세기라는 시대를 정리하지 않고는 21세기를 파악할 수 없기 때문에 감히 시도해 볼까 생각한다. 지은이는 건축역사라는 제한된 분야의 지식밖에 가지고 있지 않지만, 모든 분야와 서로 관계를 가진 건축이라는 영역은 인간사회의 본질을 비추는 거울이기도 하므로 종합적인 시야에서 건축을 고찰해 볼 예정이다.

　특히 요 몇 해 사이에는 '복잡계複雜系'라는 말이 시대를 이끌고 있다. 왜 특별히 지금 '단순單純'이 아니라 '복잡複雜'인 것인가? 그러한 물음이 없다면 도리어 이상한 일이다. 그리고 이 복잡함을 찾는 시대가 일과성一過性이며, 머지않아 또 단순성을 얻으려는 시대도 다가올 것이라고 대수롭지 않게 보아도 되겠지만, 그렇다 하더라도 이런 복잡성의 시대가 우연한 현상이라고 말하기 어려운 일면도 있다. 결국 이 복잡성의 시대는 역사의 필연 속에서 생겨난 것이라고 생각할 수 있다.

이 책에서 서술하려는 결론을 미리 말해보면, 20세기는 아마 단순성을 지향하는 시대에서 시작하여 복잡성을 지향하는 시대로 끝난다는 것이다. 그러나 그 주기는 50년씩 두 개의 시대로 나뉘어져 있다고 말하기가 그리 단순하지도 않다. 그리고 그 전환점도 1900년, 2000년이라는 알기 쉬운 숫자도 아닌 것 같다. 또한 그 주기도 100년이라고 할 수도 없다. 이 책에서 밝히고자 하는 건축양식을 둘러싼 여러 현상들이 그런 결론을 이끌어낼 것이다.

오리무중인 현재, 목적지가 보이지 않는 것은 단순한 역사의 사이클을 볼 수 없는 동시대인이기 때문이다. 사실 우리들이 알지 못하는 사이에 무의식의 힘에 움직여지고 있는 것 같다. 지금이 왜 복잡성을 추구하는 시대일까, 그것은 역사의 저류를 이해함으로써 밝혀질 것이다. 동시대를 바라볼 때는 쉽사리 저류를 바라볼 여유가 없고, 다른 방향으로 향하는 우연의 흐름을 잘못 보는 오류를 범하는 일도 종종 있다.

그런데 19세기의 건축스타일이 역사적 양식을 인용한다는 형식이었고, 19세기말에 와서도 양식의 차원에 너무 얽매였기 때문에, 20세기 초기에는 양식에 나쁜 이미지가 더해져 양식의 부정에서 새로운 건축이 생겨날 것이라고 주장되었다. 그 때문에 20세기는 양식 개념이 없는 시대로 생각되었다. 그러나 고딕양식이든 르네상스양식이든 양식이란 의도적으로 창작되지 않고 무의식중에 발생된다. 따라서 20세기에도 무의식 속에서 양식이 형성되었지만 잡다한 조형군造形群 중에서 어느 것이 주요한 양식인지는 알 수 없다.

이 책은 그런 의미에서 20세기 양식을 눈여겨보는 것이고, 이를 목표로 여러 사상事象을 정리한다. 거기에는 건축형태의 어떤 면에 착안할 것인가, 또한 역사상의 어떤 사상을 중시할 것인가는, 전체의 흐름과 밸런스를 고려해야만 한다. 종래에 중시되던 사상인데 여기서는 그리 중요하게 다루지 않는 것도 있으며, 또한 그다지 중시되지 않던 사상을 여기서는 크게 문제삼는 것도 나타난다. 그래서 뜻밖에 인상이 깊은 면도 있을 것이다.

20세기 역사를 전개하는 본줄기는 아직 제대로 정리되고 이해되지 않았다는 것이 솔직한 인상이며, 이 책은 감히 그 영역에 발을 내딛게 된다. 역사상의 유명한 사건이라도 그것이 반드시 시대의 흐름을 상징하는 사건이라고 단정할 수는 없다. 여기에는 역사의 흐름을 이해하는 데에 중요한 것만을 추출하려 한다. 본 줄기의 소재를 지적하려고 종래의 이해와는 다르게 평가하는 경우도 많을 것이다. 종래의 설을 정리하기보다도 여기서는 역사의 맥락을 분명하게 하기 위해 오히려 도전적인 해석을 시도하였다.

20세기의 미신이라고까지 할만한 것도 많이 있을 것 같아, 여기서는 본줄기에 대해 계몽을 시도하였다. 현재와 가까운 시대는 좀처럼 눈앞이 보이지 않을 수도 있고, 특히 포스트 모던의 평가는 아직 안정되어 있지 않다. 모더니즘도 새로이 평가하고 고쳐야 할 시기가 왔다고 생각되지만 당사자인 20세기 인으로서는 공평하게 평가하기 어렵다.

감히 말하자면 이 책은 벌써 21세기 인의 눈으로 20세기를 해석하려고 한다. 20세기는 과거이고, 20세기 인이 본 꿈의 성공이나 실패도 상대화해서 바라보려 한다. 21세기도 되지 않았는데 21세기인의 눈으로 평가함은 불가능하다고 말할 수 있겠지만 감히 평가할 수 있다는 것은, 역사의 흐름에는 어떤 일정한 논리가 있고, 그 연장 위에서 현재를 되돌아보는 가상적인 추론을 할 수 있기 때문이다. 큐브에 착안하여 그 출현과 분해, 그리고 파괴, 망각이라는 프로세스가 보이므로 이러한 시뮬레이션이 가능한 것이다.

20세기 큐브의 변천과정을 보면, 어느새 "20세기여 안녕"이라고 말하지 않으면 안될 때라는 것을 알 수 있는 것처럼, 20세기의 건축양식은 보였다 안보였다 하는 트릭스타와 같은 큐브가 길을 안내하여 왔다고 말할 수 있다.

세기말로부터의 이륙

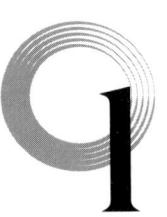

9 세기말로부터의 이륙

I. 카오스의 도가니

아르누보 건축의 용해현상

세기말적 현상이란 어떤 것일까? 퇴폐예술이라고 이름 붙여진 것처럼 세기말이라는 단어에는 도덕적이지 않은 이미지가 있다. 종말에는 모든 질서가 붕괴되고 모든 악이 힘을 얻는다고 생각하는 것 같다.

그러나 왜 종말이 악惡이어야만 할까? 이런 선입관에는 어떠한 잘못도 없을까? 종말이 행복의 동산이어서는 안 되는 이유가 있을까? 그리스도 교에서는 최후의 심판 때에 천국과 지옥의 어느 쪽 길인가가 결정된다. 불교에도 극락과 지옥이 있다. 종교관과 관계되어 이런 의미가 부여되는 것 같으며, 반드시 종말은 언제나 악이라고 근대인에게 말할 수는 없다.

선과 악이라는 윤리적, 도덕적 판단을 중시하던 시대와는 달리 근대는 선악을 판단하기 앞서 과학적인 분석을 늘 하게 되었다. 도대체 세기말이란 무엇일까? 세기말을 과학화하는 것이 가능할까? 도대체 세기말 현상을 발생시켰던 메커니즘이란 과연 있는 것일까? 우선 말할 수 있는 것은 세기말은 단순한 도식으로는 설명할 수 없고 복잡한 상황에 둘러싸인 시대 같다고 할 수 있다.

19세기말인 1890년대를 예로 들어보면, 그 시대의 디자인 세계는 도저히 합리적으로 잘 이해되지 않는 스타일을 나타내고 있다. 브뤼셀과 파리에서는 아르누보라고 이름 붙여진, 그다지 길게 지속하지는 못했던 곡선양식이 꽃피웠다. 오스트리아 빈에서는 제세션이라 부르는 스타일이 나타나, 종래의 예술적 가치관을 파괴하는 발랄한 스타일을 만들어 냈다. 그러한 새로움을 권위 있는 아카데미는 부도덕하며 퇴폐이고 가치체계를 붕괴시키는 사악한 것으로 받아 들였다.

   아르누보는 '신예술'이라는 의미이고 제세션Seccession은 '분리파'라는 뜻이며, 어느 것이든 기성 가치관의 탈피가 특징이지만, 주류를 이루려는 발상은 애초부터 없었다. 한편 아카데미는 19세기의 국민국가 시대에 있었고, 통일된 사회를 안정시켜야 한다는 사명을 부여받고 있어서 애당초 입장이 달랐다.

   오늘날에는 19세기말을 중심으로 20세기 초두까지 전개되었고, 아메리카 대륙에서도 생겨났던 개성적인 스타일을 전 세계적인 현상으로서 아르누보라고 묶고 있지만, 거기에는 여기저기에서 전개되었던 대도시 문화의 한 가닥으로 새로운 개성적 건축스타일이라는 성격도 있었다. 도시는 국가를 떠나 자유로워지고 싶었던 것 같다.

   에밀 갈레Emile Gallé의 유리작품을 예로 들어 보면, 유리라는 재료의 소박함에도 불구하고, 작품 윤곽의 모호함이나, 투과되는 빛이 만들어내는 현기증을 불러일으킬 것 같은 환상적 소우주는 어떤 개인의 뇌리에 전개되는 심오

한 감각에만 의지한다(그림1). 여기에 명쾌한 조형이론은 없고 예술의 신비를 아는 예술가만이 가능한 세계가 있을 뿐이다.

건축 세계에서도 엑토르 귀마르Hector Guimard가 '베를랑제 집합주택'에서 보여주었듯이 용해된 원주라는 유리공예 같은 작품이 있다(그림2). 아르누보의 곡선양식은 건축의 여러 부분에서 기존 형식을 무시하듯 새로운 형태를 추구하려고 힘썼다. 건축에서는 상식이었던 원주장식order 또한 그 문법이 무시되기 시작했다. 19세기에는 양식의 문법에 정확히 따르지 않으면 건축가는 교양 없다고 비난받아 왔고, 그만큼 원주장식은 형식주의화 되었다. 그러한 부르조아 사회의 교양이었던 건축미학은 아르누보 앞에서 송두리째 매장되는 듯 하였다.

원주장식은 18세기 중반 무렵부터 단순성을 추구하려는 의식에서, 그리스의 고전에 복귀한다는 흐름을 좇아 부활하고 있었다. 이윽고 19세기 일백 여년의 시간 속에서, 화려한 바로크 취미에 도달하고, 원주를 포함한 건축장식은 복잡하고 과잉되었다. 그 우아한 원주를 초월해서 더욱 화려한 원주로서 베를랑제 집합주택의 아르누보 원주가 태어났다. 결국 아르누보는 복잡함의 극치를 나타냈다.

20세기 초기에는 19세기의 장식문법이 더욱더 무시되었고, 그 출발점인 아르누보는 종말의 퇴폐이기는커녕, 시작의 생기발랄한 새싹으로 보이게 된다. 아르누보는

그림1 에밀 갈레, 유리화병

그림2 엑토르 귀마르, 베를랑제 집합주택, 1898, 현관부분

두 개의 다른 가치관 사이에 끼어 전환기를 이룬 스타일이었다.

그러나 20세기 초에는 복잡성을 부정하게 되었고, 복잡성의 끝에 있던 아르누보는 곧 새로운 세력 앞에 무력화되었다. 전환기를 연기하는 배우의 처지는 슬픈 것으로, 과거나 미래로부터도 부정되며, 한순간의 특이한 시대로서 간신히 역사의 한 부분을 부여받는 것에 지나지 않는다. 아르누보의 본래 의미를 평가하려면 양식의 전환이라는 메커니즘을 밝히고 양식의 생태를 파악하여, 작은 현상이 어떻게 커다란 역사의 크레바스가 되어 있었는가를 밝힐 필요가 있다.

1990년대에 '복잡계複雜系'가 큰 테마가 된 것에는 이것과 같은 메커니즘이 작동되고 있다고 생각된다. 그 실상은 뒤에서 다루겠지만, 우선 건축평면 형태 중에서 오늘날 그 무엇보다도 바로크 취미라고 할 타원형이 유행하는 현상은, 19세기 후기의 네오·바로크, 즉 아르누보 전야의 현상과 겹쳐진다고 보아도 좋다고 생각된다.

애당초 세기말이라는 말의 기원이 된 '세기'라는 것은, 서력西曆, 즉 그리스도 교력의 백년 단위 시간 축에서 만들어졌다. 시간을 십진법으로만 세어야 할 이유는 없으며, 달은 십이진법이다. 12진법으로 세기를 구분하면 12의 제곱인 144년이 될 수도 있다. 그러나 십진법과 마찬가지로 십이진법이 맞다는 근거도 없다. 거듭 말하자면, 그리스도 탄생 년을 기원으로 할 이유도 그리스도교 신자

이외는 없다. 프랑스 대혁명 때에는 혁명력이라는 새로운 역법을 시도했던 것에서 알 수 있듯이, 유럽인에게도 서력은 절대적이지는 않다.

그 정도로 '세기말'이 된다는 것도 모호한 것이기 때문에, 이 말에 절대적인 의미는 없다. 확실히 19세기말의 현상은 퇴폐적이었고 전환기 특유의 것이었기 때문에 선명하고 강렬한 이미지를 주고 있다. 그러나 20세기말에도 같은 현상이 나타난다고 단정지어 말할 수 없다. 그렇다고 해서, 이제부터 밝혀가려는 것처럼 인간의 역사에 사이클성이 없다고는 말할 수 없다. 지금 필요한 것은 세기말적인 퇴폐현상이 일어나기까지의 과정을 메커니즘으로 밝히는 것이다.

흔들리는 곡선

미친 화가로 불리었던 반 고흐의 색채, 형태는 어쩐지 인간의 눈과 마음을 사로잡는다. 심리의 깊은 곳으로 직접 다가오는 표현은 다른 예에서는 없는 것으로, 일본인인 우리를 포함해서 그것은 대항하기 어려운 예술로서 존재한다. 우리들은 그가 어떻게 일반사회로부터 도피하고 광기에 빠져들었는가는 전기 따위에서 잘 알고 있다. 그러나 그 회화를 만들어낸 메커니즘에 대해서는 충분히 깊은 과학적 시선을 가질 필요가 있지 않을까?

그림3. 반 고흐, 별빛 밝은 밤, 1889.

예를 들어 '별빛 밝은 밤'(1889)이라는 제목으로 뉴욕 근대미술관에 소장된 유명한 그림을 살펴보자(그림3). 우선 이상한 모양으로 눈에 비쳐지는 것은, 달과 별이 빛나는 밤하늘에 떠돌고 있는 구름인지 무엇인지 알 수 없는 큰 소용돌이이다. 그 밑에는 고딕 성당이 들어선 소도시가 가로놓여 있고, 다른 쪽에는 물결치듯 산들이 늘어선 스카이라인으로 잘려져 있다. 전경前景에는 흔들리며 움직이는 고흐 특유의 곡선으로 표현된 가느다란 삼나무가 서 있다. 전체는 흔들림 속에 있고, 모양을 이루는 윤곽들이 아르누보적으로 용해되고 있다.

이 회화의 독특한 흔들림은 1/f 요동[역주1] 이론만이 아니고, 오늘날 복잡계의 과학이라고 부르는 것을 연상시킨다(그림4). 하늘에 떠도는 소용돌이는 카오스의 수학이나

역주1) 1/f 요동은 전자가 진공관의 음극에서 양극으로 흐르면서 발생하는 잡음을 측정하면서 발견되었다. 이 요동의 파워 스펙트럼으로 보면, 큰 진동안에 작은 진동이 들어가 있고, 다시 작은 진동내에 더 작은 진동이 있어 프렉탈성을 보인다.

프랙탈 드래곤을 연상시키며, 나란히 이어지는 산과 그에 따라 흐르는 저편의 구름은 요동 곡선을 연상시킨다. 고흐의 다른 회화에도 이런 종류의 에너제틱한energisch 곡선이 많이 나타나는 것은 잘 알려진 바이다.

그림4. 프랙탈 기하학의 예

같은 19세기말, 쇠라Seurat의 점묘화법은, 오늘날에는 픽셀pixel(색세포)로써 색소를 만드는 컴퓨터그래픽의 그래픽기술로 치환되어졌다고 생각된다. 한편 짧은 선분을 겹쳐 에너제틱한 곡선모양을 구성한 고흐의 묘법描法은, 결국 움직임을 부가시킨 점묘화법이었다. 쇠라의 광학적인 분석과 비슷한 방법으로 고흐는 인공생명적인 움직임을 낳고 있다.

고흐는 자기만의 종교적 감정을 예술작품의 출발점으로 하였고, 공중에 떠다니는 소용돌이에는 정령이 떠다니는 중세 종교화의 모습이 있다. 물론 고흐가 카오스의 수학을 알고 있었던 것은 아니고, 이 소용돌이는 미지의 영적인 존재를 보려 했던 고흐의 독특한 정신의 표출이라고 보인다. 오늘날 과학자가 그 분석의 화살 끝을 향하고 있는 것이야말로, 지금까지는 과학의 눈으로 포착할 수 없었고 미지로 남아있었던 바로 이 모호한 에너지와 물질의 현상이다.

세잔느는 풍경 속에서 입체를 찾아내려고 경사지붕 건물도 오각형의 단순한 입체로 추상화하여 표현하였으며, 그것이 피카소 같은 큐비즘으로 발전되었다. 이는 근대의 합리주의적 과학정신을 나타내는 것이라고 설명되어 왔다. 반면에 고흐의 과학정신은 이런 무리의 고전적인 기하학에는 편승되지 못하는 종류로, 오늘날의 복잡성複雜性의 과학으로 볼 때 비로소 받아들일 수 있게 된다. 아마 그런 배경에서 컴퓨터를 이용하여 프랙탈 기하학, 카오스 수학, 인공지능AI 프로그램 등에 따라 고흐 회화의 시뮬레이션도 어느 정도 가능하다고 생각된다.

이와 같이 19세기 말의 곡선양식은 단순히 개성적인 작가의 우연한 산물이 아니고 깊은 곳에서 어떤 메커니즘이 움직이고 있었던 것으로 생각된다. 그것은 갈레의 유리공예에도, 귀마르나 오르타의 건축작품에도 공통된 것으로, 새로운 조형관造形觀이 나타났음을 표현한 것이라 생각된다. 각각의 예술에 그와 같은 공통된 현상이 나타나는 것은, 이 시대의 인간정신 내면에 무언가가 일어나고 있었다는 증거일 것이다.

고흐의 광기만이 아니었으며, 건축가 안토니오 가우디 **Antonio Gaudí**에게도 또한 깊은 종교적 감정에서 나온 유사한 정신에 머물러 있었다. 그가 1883년부터 1926년 사망할 때까지, 바르셀로나의 '사그라다 파밀리아' 성당의 건축설계작업뿐만 아니라 기부금 모금도 포함하여 스스로 헌신적인 노력으로 실현하려 하였던 것은 잘 알려져 있다. 대규모 성당을 한사람의 건축가가 제안하고, 시행하려고 한 행위는 신앙심의 도움이 아니고서는 생각할 수 없다. 한편, 근대라는 시대는 그와 같은 신앙을 과거의 잔해로 만들었다. 가우디의 행위에서는 근대적이지 않은 시대의식을 인식하지 않을 수 없다.

 가우디의 건축작품을 칭찬하는 사람에는 결코 그리스도 교도만이 아니고, 미흡하기는 하나 동양사상을 바탕으로 하는 일본인도 많이 포함되어 있다. 사그라다 파밀리아 성당에는 그런 의미에서 그리스도교를 초월하는 보편성이 있다. 그리고 그 보편성에는 단순히 공예의 장인으로서 일의 완벽함뿐만 아니라, 확실히 아르누보시대의 근대적인 감성이 깃들어 있다.

 앞서 설명한 용해되는 원주라는 성격은, 고딕양식을 바탕으로 했던 사그라다 파밀리아 성당에서는 돌의 조형인 성당 전체가 용해한 것에서 이해할 수 있다. 바실리카식 평면형과 첨탑을 빽빽히 들어세운 열주(스타일)인 점에서 중세 고딕양식의 대성당을 모델로 하였음은 명백하다. 그러나 평면형의 윤곽은 불가사의한 선으로 변화가 주어져 어느새 진정한 중세 고딕양식은 아니었다. 첨탑의 윤곽도 고딕의 구조미를 나타내었다기보다는 우아한 풍만함과 애매한 윤곽으로 변화되었다(그림5)

 같은 아르누보로서, 빅토르 오르타 Victor Horta는 '인민의 집'이라 이름 붙

그림5. 안토니오 가우디, 사그라다 파밀리아 성당, 1883년 이후.

인 사회주의를 위한 혁신적인 시설을 브뤼셀에 디자인하였다. 그와 같은 시대에 가우디는 깊이 카톨릭에 생각을 맡겨, 근대라는 시대에 등을 돌린 듯이 종교건축에 몸을 바쳤다. 20세기 후반의 우리들에게는 시대성時代性보다도 개인의 작풍作風이 중요하기 때문에, 가우디의 존재가 더욱더 커진다. 그러나 중세에 빠져있던 가우디는 19세기 말 동시대에서는 시대에 역행하는 일면이 있었다고 할 수 있다.

가우디의 고독하고 비참한 사망 모습은, 오늘날 왜 그 정도까지 재능이 풍부한 예술가가 그랬는지 생각될 정도로 기이함을 느끼게 한다. 그러나 고흐와 가우디의 삶의 모습에는 공통된 성격이 있으며, 거기에는 근대로 급속하게 흐르는 사회 속에서 정신의 깊이에 구애를 받기 때문에 흐름에 저항하지 않을 수 없는 예술가의 고뇌하는 모습이 있다. 그것은 세기말이라는 시대의 굴절된 정신상황이 개인의 내면에 소용돌이친 결과라는 측면이기도 하다.

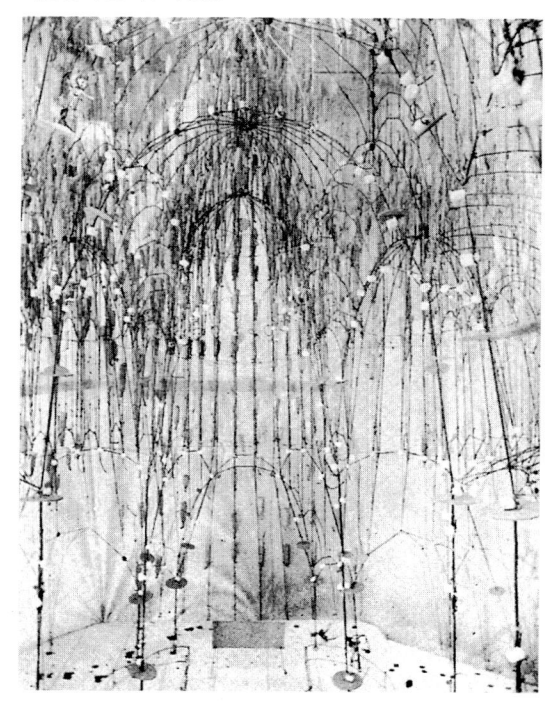

그림6. 안토니오 가우디, 구엘 성당 계획안에 따른 돔 부분 가구의 실험.

가우디는 '구엘 성당' 설계안에서 망을 매달아서 현수곡면을 만들고, 이를 반대로 하여 돔을 만드는 가구법에 응용하였다(그림6). 거기에서 합리적인 구조이론을 시험한 가우디의 과학적 자세를 엿볼 수 있다. 20세기 초에 주류가 된 근대합리주의의 입장에서 그것은 확실히 가우디가 근대인임을 보여주는 일면으로도 이해할 수 있다.

그러나 예를 들면, 카사 밀라에서 나타난 이상하게 물결치는 벽면은 마찬가지로 과학 이론으로 해석 가능하다 하여도, 그것은 오히려 직관적인 해석 이상이 되지는 않는다. 거기에는 과학을 능가하는 유기주의가 내포되어 있다고 말할 수 있다. 그러나 이 생물기관organ의 아날로지인 유기적organic인 것을 동경한 데에는 당시 과학의 한계도 나타나고 있다. 왜냐하면 당시 과학이론은 겨우 자동기계를 만들기까지는 이루어졌지만, 물론 생물기계까지는 아직 멀었기 때문이다. 유기주의에는 합리성을 초월하는 낭만주의 사상이 내포되어 있었고, 그 때문에 유기주의는 비합리주의이다.

'카사 밀라'를 결정짓는 구불구불한 곡면 또는 '사그라다 파밀리아 성당' 여러 곳에서 보이는 불가사의한 곡면들은, 건축가 자신이 수작업으로 만들 수 있었던 예술작품이었다. 그러나 지금 우리들의 눈에는 그것은 프랙탈 기하학이나 카오스 수학이 규명해 낼 수 있는 형태로 보인다. 백년의 세월은 그런 시대의 진전을 가져왔다.

아르누보 곡면은 과학의 대상이 될 수 있다고 생각된다. 세기말의 혼돈은 퇴폐라는 알 수 없는 구렁텅이라기보다는, 지극히 복잡성을 지향하는 논리적 프로세스라고 생각해야 한다.

그림7. 앙리 반 데 벨데, 독일공작연맹 쾰른전 모델 극장, 1914.

양식의 붕괴와 재생

　세기말 국제 아르누보운동이라고 부를 수 있는 것은, 20세기로 흘러 들어가 20세기 최초 10년 동안 더욱 유유히 전개된다. 실제로 가우디의 카사 밀라는 1910년에 등장하였다. 빈의 제세션에서 시작하여 오토 바그너의 '우편저금국', 슈타인 호프의 예배당, 또한 J.M. 올브리히 등의 다름슈타트 예술가촌이 모습을 나타낸 것도 1900년이 지난 후이다.

　아르누보의 곡선양식은 머지않아 1910년대에 독일표현주의의 곡면조형으로 계승되어 발전되었다. 이를 중개한 사람은 벨기에 디자이너인 앙리 발 데 벨데였다. 제1차 세계대전을 눈앞에 둔 1914년의 독일공작연맹 쾰른전에서, 그는 모서리가 둥근 기묘한 극장건축을 손수 보여 주었다(그림7). 너무나 아르누보적인 곡선모양을 배합한 파사드 디자인을 주된 목표로 했던 초기안은, 설계과정에서 조건

변경의 요구에 따라 예기치 않은 입체적인 곡면디자인으로 힘겹게 다다르게 되었다.

아르누보는 이렇게 표현주의로 계승되었고 새로운 단계를 열게 되었다. 그러나 표현주의도 또한 막다른 골목을 향해 치닫게 되었고, 1920년대 중반 무렵에는 자취를 감추었다고 생각된다. 그 표현주의가 19세기 말기부터 추구되었던 복잡성이라는 테마의 끝에서, 새로운 복잡성을 구현한 것임을 알았던 한 사람이 있었다. 표현주의는 19세기를 부정하고 20세기를 개척한 운동의 하나로서 등장했지만, 거기에는 단절이 아닌, 번데기가 자신의 껍질을 벗는 것과 같은 연속성이 있었다.

그림8. 브루노 타우트, 우주건축사, 1920.

브루노 타우트가 저술한 『우주건축사』(1920년)라는 제목의 그림책은 그런 탈피의 모양을 나타냈다.[1] 그것은 옛 건축스타일의 붕괴와 새로운 건축스타일의 탄생을 이야기 줄거리로, 목탄 데생으로 그려져 있다. 막이 열리면서 고딕 첨탑이 아래로부터 차례로 발달해 간다. 점점 성장되어 마침내 아치가 서로 뒤엉킨 복잡한 구조물의 모습을 보이게 된다. 더욱 발전하여 고딕대성당 풍의 구조물은 마침내 스스로의 무게를 견디기 어렵게 되어 붕괴하기 시작하여 석재가 분해되어 떨어진다. 여기까지가 붕괴해서 카오스에 도달하는 장면이다(그림8).

그림9. 브루노 타우트, 우주건축사, 1920.

그런데 이 붕괴는 마치 빅뱅처럼 먼지를 우주에 흩뜨린다. 이제는 무중력의 우주 속에서 먼지가 점차로 쌓이기 시작해서 새로운 별이 탄생된다. 별에는 곧 비가 내리고

[1] Bruno Taut, Der Weltbaumeister, Hagen, 1920.

식물이 가득 차게 된다. 그곳에 지하로부터 뭔가가 생겨나게 되는데 그것이 유리 결정結晶의 집이다(그림9). 그것도 역시 1914년의 독일공작연맹 쾰른전에서 타우트 자신이 디자인했던 '유리의 집'의 둥근 파 꽃 모양 파빌리온 발상을 발전시킨 것이다.

복잡한 고딕대성당을 닮은 전반의 장면은 19세기말 네오 바로크시대의 풍부함을 상징한다고 생각해도 좋다. 그리고 유리 구축물은 20세기 초기에 나타난 표현주의이다. 이것에도 또한 고딕풍의 장식이 있지만 그것은 가우디의 아르누보풍 고딕과 비슷하다. 플라잉 버트레스와 비슷한 부재가 주위를 둘러싸고 있고 이미 식물모양의 곡면이 보여, 이는 생물과 같은 사그라다 피밀리아의 유기적 조형과 다르지 않다.

19세기말부터 20세기 초에 걸쳐, 고딕이라는 낙관落款은 큰 역할을 했다. 미술사가 빌헬름 보링거가 『추상과 감정이입』(1908년)이라는 저서에서 역사적 양식을 심층심리에서 규명하는 새로운 연구방법을 수립했다는 것은 잘 알려져 있지만, 고딕양식의 수직축은 감정이입을 설명하는 적당한 재료였다. 후기인상파에서 회화가 추상화되어 간 것과 마찬가지로 건축양식은 장인의 기술적인 디테일이 아니라 추상화抽象化로서 이해되기 시작하였다.

고딕시대는 그리스 조각 같은 사실적인 것을 추구하지는 않았다. 나체의 근육이나 피부의 볼륨을 정확하게 묘사한 것이 아니고, 침통한 표정이나 신앙심으로 가득 찬

몸짓이야말로 조각예술의 이상이었으며, 오히려 데 포르메déformé된 프로필을 선호했다. 물리적인 리얼함이 지나친 표현은 오히려 내면의 심리를 전하지 못한다. 윤곽이 모호한 편이 신조信條를 정확하게 간파시키는 효과가 있다. 가우디의 신앙심은 사그라다 파밀리아의 구불구불한 돌 표면 그 자체에 구현되며, 어떠한 것을 묘사한 것인지 알 수 없는 기묘한 벽면에 눈을 빼앗겨 벗어나지 못하고 그것에 깊숙이 요동치는 마음을 깨달아야 한다.

'차이트 가이스트Zeitgeist(시대정신)' 라는 독일어가 20세기 초의 유행어였다. 이 단어는 외래어로 영어권에도 보급될 정도로 그 시대의 분위기를 상징했던 것으로 보인다. 고딕의 수직스타일은 바로 중세 사람들의 시대정신을 나타낸 것이었고, 마찬가지로 20세기의 우리들은 어떠한 시대정신을 가져야 할까라는 논의가 이루어졌다. 바야흐로 정신이라는, 마음 깊은 곳의 추상적인 것을 묻는 시대가 되었다.

타우트는 고딕대성당의 세부 장식을 제거한 후, 고딕 정신을 보다 선명하게 나타내려는 생각에서 추상적인 유리의 고딕을 등장시켰다. 그는 제1차 세계대전이 끝난 직후부터 건축가나 예술가들에게 호소하여 유토피아 운동을 추진하였다. 그 목표로 타우트는 예전부터 중세의 장인들이 사회의 안녕을 바라며 정성 들여 쌓아올렸던 고딕 대성당을 내세웠다. 타우트는 인간의 힘과 정신을 결집시킨 모뉴먼트로서 고딕 대성당의 모습을 차용하였다. 거기

그림10. 라이오넬 파이닝거, 바우하우스 설립 선언문 겉표지, 1919.

2) 『バウハウス』, 杉本俊多 著, 鹿島出版會, 1979, 41p.

에는 생디칼리스트syndicaliste(조합주의자)라고도 하는 개혁적인 사회민주주의社會民主主義 건축이론가인 타우트가 있었다.

타우트의 고딕대성당 낙관은, 발터 그로피우스의 바우하우스 설립선언문에 옮겨지고, 라이오넬 파이닝거가 큐비즘풍, 표현주의풍으로 고딕대성당을 묘사했던 선언문 속표지 그림(1919년)에 표현된 것으로도 잘 알려져 있다(그림10). 바우하우스 설립선언문에는 아래와 같이 기록되어 있다.

"함께 미래의 새로운 건축물을 소원하고, 구상하며 또한 창조하자 … 그것은 새롭게 생겨날 신앙을 맞이하는 일이 되고, 수정과 같은 상징물로서 수공예가 몇 백만 명의 손에서 하늘로 향하여 어느 날엔가 치솟게 될 것이다.[2]"

오래된 고딕대성당은 대중사회 시대에 어울리는 상징적 모뉴먼트로서 다시 태어나고 싶었다. 거기에는 타우트가 제시했던 붕괴와 재생의 드라마와 같은 줄거리가 인식될 것이다. 그러나 실제로 건축물이 다시 생겨나야 하는 것이 아니고, 사실은 사회가 새로운 시대정신으로 결집되어 다시 태어나야 하는 것이라고 되어있다. 건축스타일은 사회의 상징이외의 것은 아니었다.

타우트의 『우주건축사』에는, 우주의 어둠 속에 나타나는 두 개의 별이 서로 뒤엉켜 떠도는 모양이 묘사되었지만, 그것은 어트랙터attractor(끌개)로 끌어들였던 카오스의 그림처럼 유기적인 움직임을 나타낸다(그림11,12).

일단 붕괴되어서 서로간의 관계를 잃어버린 돌 조각은 단지 먼지의 집적인 카오스에 불과하였지만, 여기에는 생명현상과 같은 유기적인 카오스가 나타나 있다. 표현주의의 자극적인 조형은 울적하고 답답했던 사회상황에서 출구를 찾는 내면의지의 발로였다는 해석이 일반적이지만, 거기에는 생명현상이란 유기적 성격이 내포되어 있다고 본다. 결국 어느 면에서는 이를 유기적 카오스주의라고 바꿔 말해도 좋다.

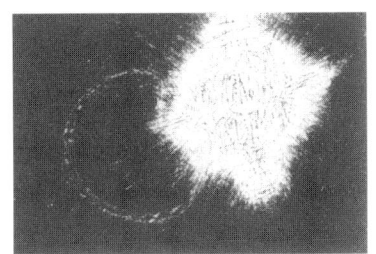
그림11. 브루노 타우트, 우주건축사, 1920.

19세기 후기의 번영은 절충주의와 네오 바로크를 지나면서 건축물을 과잉된 형태군으로 변모시켰지만, 스스로의 무게를 견뎌내지 못해 자기붕괴에 이르고, 쓰레기의 집적과 같은 무기적인 카오스로 된다.

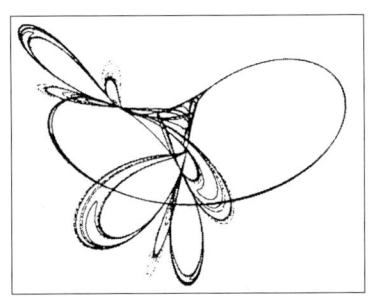
그림12. 카오스 수학에서 나타나는 어트랙터

그래서 새로운 생명을 자라나게 하면서, 유기적 카오스가 새롭게 등장하게 된다. 세기말에서 세기 초두까지의 현상은, 이와 같은 붕괴와 재생의 드라마였다. 그리고 그것은 예전의 후기고딕에서 초기 르네상스로의 전환, 후기 바로크에서 신고전주의로 전환이라는 붕괴와 재생의 드라마와 같으며, 거대한 시대의 흐름을 구분하는 현상이었다. 아르누보와 표현주의의 일시적으로 보이는 현상은 결코 우연한 흐름은 아니고, 역사의 어느 지점에서 기회를 보며 드러나는 카오스현상의 작전 전개 흔적이었다

2. 고전회귀와 추상기하학

아르누보에서 신고전주의로

아르누보에서 표현주의로 가는 과정은, 복잡성과 카오스화를 테마로 네오 바로크의 과잉된 양식장식 단계에서 식물적인 2차원 곡선양식으로 그리고 3차원 곡면양식으로 착실하게 발전된 과정이었다. 이런 변천과정은 19세기 말부터 20세기 초기 시대의 한 면을 보여주는 것에 지나지 않는다. 더군다나 그것은 카오스의 끝으로 급속히 다가가며, 머잖아 도취 속에서 끝맺음을 맞을 운명에 있었다. 그리고 함께 침몰하는 것을 싫어하는 사람들을 위해 새로운 배가 준비되어 있었다.

그것은 확실히 복잡성이란 테마를 근본에서 부정하고 단순성 지향을 테마로 하려는 세력이다. 역사를 거슬러 올라가 보면, 사실 후기 고딕에서 초기 르네상스로, 또한 후기 바로크에서 신고전주의로의 전환은 똑같이 복잡성의 테마에서 단순성의 테마로 바뀌는 현상이었다. 20세기 초두에 시대는 분열되어 있었다. 한편은 아르누보의 흐름 앞에서 더욱 새로운 차원으로 오르려고만 하고, 다른 한편에서는 그 흐름에서 탈출하려 하였다.

세기말을 보낸 후부터 처음 10년 간은 한마디 말로는 잘 정리될 수 없는 시대였다. 세기말의 아르누보가 살아 남아있고, 다른 한편으로는 1910년 이후의 모더니즘 선구자들이 각자 활동한 시대였다고 할 수 있다. 복잡성과 단순성의 뒤얽힘으로 파악하자면 두 가지 흐름이 대립되고 병립하는 시대였다고 말할 수 있다.

이 시대의 열쇠를 쥔 사람은 아르누보에서 신고전주의로 전환한 페터 베렌스였다.

1890년대의 베렌스는 유겐트 슈틸, 즉 독일판 아르누보 화가로서 화려한 곡선 모양을 가장 자신 있어 했다. 세속화(풍속화)에서도 꽤 영향 받았던 그는 독특한 판화를 제작하기도 하였다. 그리고 빈 제세션의 올브리히 등과 함께 다름슈타트에 자기 집을 설계할 기회를 얻어, 1901년 화려한 아르누보 주택을 건축하였다. 여기서도 낙관은 고딕이어서, 벽면에는 첨두 아치를 추상화한 테두리 장식을 붙이고 현관의 양쪽에는 고딕 대성당의 속주束柱와 같은 모티브가 역시 아르누보적인 우아함을 더해 디자인되었다(그림13).

그런 그가 1904년경부터 모든 아르누보 곡선을 버리고 명쾌한 수평·수직선, 기하학적 볼륨으로 완전히 사고를 전환하였다. 이런 전환이 왜 일어났는지 명쾌한 이유는 밝혀지진 않았다. 그의 의식 심층에서 무언가가 발동했던 것이 분명히지만, 그의 비껌은 단호하였다. 1904년에 열렸던 뒤셀도르프 전시회에 출품

그림13. 페터 베렌스, 자택, 다름슈타트, 1901.

그림14. 페터 베렌스, 뒤셀도르프 전시회, 융브룬넨, 1904. (왼쪽)
그림15. 페터 베렌스, AEG 터빈공장, 베를린, 1910. (오른쪽)

한 레스토랑 '융브룬넨'의 인테리어 디자인에서는, 가로세로 선으로 명쾌하게 구성된 벽면이나 체커보드 풍의 마루바닥에서 볼 수 있듯이, 다름슈타트 자택의 모습은 전혀 찾아볼 수 없다(그림14). 이때부터 그래픽 디자인에서도 종횡선의 테두리 붙임이나 무늬가 청초한 미를 나타내게 되었다.

이 변화를 개인적인 에피소드만으로 볼 수는 없다. 왜냐하면 베렌스의 이후 활동이 20세기를 이끄는 견인차가 되었기 때문이다. 1907년에 전기관련 대기업 AEG의 예술고문으로 베를린에 초대받았던 그의 밑에서 발터 그로피우스, 미스 반 데 로에가 일하고 있었으며, 이 두 제자가 20세기 모더니즘의 거장이 되었다는 것은 다 아는 사실이다. 이에 더해 르 꼬르뷔제도 한때 베렌스의 사무실 문을 두드리기도 하였다. 그들은 베렌스의 명쾌한 기하학

디자인에서 큰 영향을 받았던 것이지, 아르누보 화가인 베렌스로부터는 아니었다.

베렌스가 설계한 'AEG 터빈공장'(1910)은 근대건축사의 에포크 메이킹으로(새 시대를 연 것으로서) 유명하다(그림15). 그것은 단순한 작업 홀이었던 공장 건축에 신전풍의 외관을 부여해, 건축물로서의 정당한 지위를 준 것이었다. 신전 풍이라 해도 그리스 풍의 석조 원주가 늘어선 것이 아니라, I형 단면의 철골기둥으로 대체시켜 철골에까지 새로운 미학을 표현할 자격을 주었다. 정면은 합각지붕의 삼각형 페디먼트를 대신하여 철골 다각형 아치의 지붕형태를 그대로 나타내어 둥근 모양을 띤 페디먼트가 되었다.

베렌스의 변신은 전체 모습에 기하학 형태를 부여하려는 것이었다. 그는 아르누보의 자유로운 곡선을 디자인하는 능력이 있으면서도, 스스로를 억제하려는 의지를 굳혔다. 특히 고대 그리스와 로마 스타일을 참조하여, 기둥과 보의 긴장관계를 많이 모티브로 하였다. 그것은 18세기 후반부터 19세기 전반기에 유행했던 신고전주의 양식에 가까우며, 신고전주의가 새로운 재료와 구조형식으로 재생된 것이었다. 그 때문에 이를 20세기 신고전주의라고 이름 붙이게 되었다.

그러나 처음에는 그리스나 로마의 고전양식에만 얽매이지 않고 로마네스크 양식을 사용한 것도 있었다. 그것은 단순히 양식의 변화를 주고자 한 것만은 아니고, 로마네스크시대의 건축스타일에 기하학적 질서가 기본인 것이 많았기 때문이다. 로마네스크는 게르만 민족이 대이동하여 유럽에 정착한 후 최초로 완성한 양식이었지만, 거기에는 어쩌면 대이동 이전부터 게르만 민족의 몸에 늘 배여 있었다고 생각되는 독특한 조형정신이 함축되어 있었다. 그것은 11세기에 건설된 힐데스하임의 쟝트 미하엘 성당이 대표적인 것처럼, 정방형과 정방형의 연속을 선호하고 또한 적목積木 세공처럼 몇 개의 기본입체 엘리먼트를 조합시켜 전체를 만들었으며, 명쾌한 기하학 형태 시스템을 소박하게 표현하였다.

결국 베렌스는 게르만 민족의 조형정신 뿌리로 거슬러 올라가 기하학정신을 재생시킨 것 같다. 그렇게 말하면 민족적인 문제로 보잘것없이 들릴는지도 모르지만, 이렇게 말하는 '원점의 조형정신'은 역사상 자주 대두되며 그 시대의 새로운 흐름을 만들어 내, 북방 르네상스와 베를린의 신고전주의에도 나타난다. 베렌스의 기하학정신이 곧 그로피우스와 미스를 통해 인터내셔널 스타일로 발전되고 세계로 보급된 사실을 생각해본다면, 이는 게르만 민족만의 문제가 아니고 20세기 세계 전체 스타일로 확대되는 원천이었다.

그로피우스가 사무소의 한사람으로 관여했다는 '쿠노 주택Cuno' (1910년)

그림16. 페터 베렌스, 쿠노주택, 하겐, 1910.

그림17. 발터 그로피우스, 독일공작연맹 쾰른전 모델 사무소와 공장, 1914.

에는 두드러지게 게르만적 기하학으로 여겨지는 일면이 있다(그림16). 외관은 심플한 직육면체 하나이고 정면 중앙에 원통형 계단실이 들어가 있다. 기단부는 거친돌로 쌓았고 처마 끝 돌림띠는 명쾌하게 드러나 마치 르네상스 건축을 간략화 한 것 같지만 세세한 양식 장식은 보이지 않는다. 외관에는 장식이 없는 흰 벽에 날카롭게 거의 사각형 창이 되풀이되어 끼워 넣어져 있다.

머지않아 그로피우스는 '독일공작연맹 쾰른전 모델 사무소 공장'(1914년) 설계에서, 육면체 건물의 좌우 모서리에 전면 유리 커튼월로 원통형 계단실을 두었고, 투명한, 그래서 계단을 오르내리는 사람을 볼 수 있는 사차원적 디자인이라는 새로운 건축스타일을 실현시켰다(그림17). 그리고 여기서 쿠노주택의 원통형 계단실 경험을 살려냈다. 거슬러 올라가면 로마네스크 성당에서는 원통형

탑이 2개 또는 4개가 종종 마주보며 배치되어 적목績木 모양의 특이한 경관을 만들지만, 여기서는 희미하지만 그 흔적, 즉 게르만적 조형스타일의 원천을 발견할 수 있다. 예전에 철학자 에른스트 카실러는 '자유와 형식'이라는 제목으로 독일인의 정신구조를 설명하려 하였다.[3] 베렌스가 아르누보 곡선에서 신고전주의 기하학으로의 전환을, 전자가 자유의 면을, 후자가 형식의 면을 나타낸 것으로 이해한다면, 독일인의 정신이 두 가지이면서, 한 사람의 인물에 나타난 것이라 할 수 있다.

　예를 들어 한편으로 요요기 올림픽경기장의 다이내믹한 곡면형을, 다른 한편으로는 히로시마 평화공원의 기하학적 형식미를 나타낸 디자인을 제시했던 단케 겐조에서 볼 수 있듯이, 자유와 형식이라는 테마는 한사람의 조형가에 잠재하는 보편적인 이원성이라고도 할 수 있다. 베렌스의 아르누보와 신고전주의는 시기를 꽤 분명하게 구분할 수 있으므로, 베렌스의 차원이 다른 두 조형능력이 시기를 나누어서 노출된 것이라고 해도 좋다.

　한편은 아르누보에서 표현주의로 발전하고, 다른 한편은 아르누보를 부정하는 신고전주의 기하학 지향으로 전개되는, 이런 시대의 흐름 속에서 베렌스는 조형세계의 변천을 민감하게 느껴 이해하고, 시대정신을 상징하는 조형의 힘을 활용하여, 사회변화에 따르려 했다. 대기업의 예술고문으로서 공장을 디자인하고, 노동자 집합주택을 설계하고, 또한 선풍기나 조명기구 같은 인더스트리

[3] 『自由と形式』, エルンスト・カッシーラ著, 中埜 肇譯, ミネルブァ書房, 1972

얼 디자인을 하는 등, 예술가로서 새로운 활동영역을 개척하면서, 베렌스는 근대사회에 미적인 영예를 부여하였다. 아르누보의 개성적이고 자유로운 수작업을 졸업하고 사회가 요청하는 공간을 기하학 시스템으로 디자인하는 노선으로 전환함은 틀림없이 시대가 요구한 것이었으며, 베렌스는 개인적인 스타일보다는 시대와 사회의 스타일에 몸을 바친 것이었다.

그리스 숭배와 단순성 지향

포스트모더니즘 시대인 1970-80년대에는 도리아식 같은 원주를 새로운 디자인으로 받아들이는 것이 유행하였다. 그 중에서 1922년에 개최된 '시카고 트리뷴 사옥' 현상설계에서 거대한 도리아식 원주 하나를 오피스빌딩으로 만든 아돌프 로스의 안이 새삼스럽게 주목받았다(그림 18). 근엄하고 성실하며 정직한 기능주의 형태를 선호해 온 모더니즘에 대항하여 역사적 양식을 아로새긴 디자인이 건축의 쾌락을 다시 부활시킨 것을 의미하였다.

그러나 당시 로스는 그런 포스트 모더니즘 풍의 쾌락과는 아무런 인연이나 관련도 없는 인물이었다. 도리아식 원주는 감각적으로 즐기려는 것이 아니며, 오히려 엄격한 건축이론의 결과로서 선택되었다. 로스에게 고대 그리스·로마는 건축의 영원한 이상이었다. 포스트 모더니즘

그림18. 아돌프 로스, 시카고 트리뷴 사옥 현상설계안, 1922.

은 르네상스나 고딕 그밖에 여러 양식을 적절히 선택하고 사용하여 절충주의 양상을 나타냈지만, 로스는 고전양식만이 관심의 대상이었다. "이렇게 본다면, 성공한 건축가는 예외 없이 그 시대와 타협하는 것이 전혀 없었던 사람이고, 다른 사람의 눈 따위는 전혀 신경 쓰지 않는 고전주의적 입장을 고수하는 사람이라는 것을 알 수 있다.......그 때문에 확고하며 보편적인 척도라는 것이 당연히 필요하게 된다. 그 척도는 현재, 그리고(......) 장래에도, 고전 그리스·로마임에 틀림없다."[4]

이런 신념을 가지고 로스는 고대 로마의 트라야누스 황제의 원주처럼 로마의 거대원주형 기념비의 예가 있듯이, 그리스에는 그런 예가 없지만, 어느 누군가가 어딘가에서 실현하지 않으면 안되는 것이라고 하였다. 시카고 트리뷴 설계에, 그런 까닭으로, 건축스타일의 기념성을 가장 잘 표현하는 것으로써 그리스 원주를 채용하였다.

거슬러 올라가 18세기 중엽에 그리스의 양식이 건축의 이상으로서 복권되었다. 그 무렵은 후기 바로크와 로코코의 풍부한 장식의 건축스타일이 유행하였고, 그리스양식을 선호하는 새로운 세력은 '단순성'을 기치로, 동시대의 유행을 또한 미켈란젤로의 바로크 스타일도 엄격하게 비판하였다.[5] 그리스야말로 건축의 기원이 나타난 장소였고, 그 이후 건축은 불필요한 장식과 쓸데없는 상상력으로 타락해 버렸다고 하였다. 그리스를 이상으로 하는 것은 건축스타일의 정화운동이라고도 부를 만한 것이었다.

[4] 『裝飾と罪惡』アドルフ・ロース著, 伊藤哲夫 譯, 中央公論美術出版, 1987 p.48-49.
[5] 『ドイツ新古典主義建築』, 杉本俊多 著, 中央公論美術出版, 1996, p.31 이하.

로스의 언동에서도 같은 주장을 알 수 있다. 20세기 초라는 시대에 로스는 새삼스럽게 18세기 신고전주의의 엄격한 이론을 부활시키려 했다. 그래서 도리아식이 그리스의 세 개 오더 중에서도 더욱 오래된 것이고 기원을 나타내는 것임을 생각해 보면, 이오니아식이나 코린트식보다도 도리아식이어야만 하였다.

　그렇다 하더라도 20세기인 근대에 고대 그리스 스타일을 일부러 사용하는 것이 제3자의 눈에는 시대착오로 보여도 어쩔 수는 없다. 그런데 고전회귀에는 특별한 의미가 있고, 단순히 역사적인 유물을 참조하는 것 이상의 메커니즘이 존재한다. 하나는 기원으로 거슬러 올라가는 것에서 사물의 출발점의 단순한 원리를 재확인하는 것이고, 또 하나는 시간을 초월하는 영원의 원리를 찾는 것이다.

　18세기라는 계몽주의 시대부터 그 앞까지의 종교 교의나 군주 명령에 대신하여 과학적 합리성이 사회를 만드는 원리라고 생각되었다. 그 합리성을 확보하기 위해서 기원을 보여주는 일과 영원불변함을 보여주는 것이 도움이 된다. 고대를 굳이 들추어내는 것은 근대적인 합리성을 설명하는 중요한 수단이 되기 때문이다. 과거로 거슬러 올라가는 것과 근대적인 것이 언뜻 보기에 어울리지 않는다고 생각되는 것 뒤에, 사실은 긴밀한 연결고리가 있었다. 그리스 신전을 상세하게 연구하고, 건축의 이상이었던 18세기의 신고전주의가, 사실은 근대라는 시대의 개척을 의미했음은 그 같은 메커니즘 때문이다.

로스가 제안한 도리아식 원주형 초고층 계획안은 미래지향적인 모더니즘과 관계 있었다. 그러나 사실 그와 같은 논리가 가장 유효했던 시기는 1900년대의 한자리 숫자 연대인 그 처음 십 년대뿐이었다. 건축스타일이 빠르게 변화되던 중에서, 시카고 트리뷴 사옥 설계경기가 있었던 1922년은 이미 10여 년이나 늦었다. 벌써 그로피우스의 인터내셔널 스타일 계획안이 설계경기 제출안에 포함되어 있었으며, 역사양식을 철저히 배제하는 새로운 이론이 나온 때였다.

무엇보다도 미국이라는 땅이 경제력이나 공업력이야말로 유럽을 능가하고 있었지만, 문화라는 점에서는 유럽에 비해 약간 뒤져있었고, 레이먼드 후드의 당선안은 로스의 이론보다도 오래된 19세기 역사주의 스타일의 산물이었다. 결국 고딕장식을 아로새긴 시대에 뒤떨어진 초고층 건물이 시카고 도심에 실현되었고, 그 후 근대건축사 서적에서는 되돌아 볼 것도 없이 실패한 설계경기의 예로 들고 있다. 그러나 역사는 얄궂어서, 포스트 모던시대에 역사주의를 선호한 미국인들은 그 선례를 이러한 네오고딕의 초고층건축에서도 찾아내고 있다. 틀림없이 건축에서 시적인 면이나 조형의 쾌락이란 면을 추구하였던 포스트 모던은, 기능성보다는 장식성을 중시했던 이 건축물에 손을 들어주었다.

로스는 확실히 이 같은 장식과다의 건축스타일을 '범죄'와도 비슷한 행위라고 엄격히 단죄하였다. 도리아식 원주형 초고층 건물은, 기념성을 확보하면서도 무의미한 장식을 없애고 단순화하려는 생각에서 제안되었다. 그러나 그 단순화의 이론은 그로피우스 같은 다음 세대로 넘어가게 되었다. 그러므로 로스의 이론이 앞선 논쟁 속에서 살아있던 때는 1900년의 한자리 숫자 년대뿐이었다. 실제로 로스의 강연이나 집필활동은 1890년대에 시작되었고 1900년을 넘어서 활발하였다. 그리고 1910년 로스는 오스트리아 빈 도심의 미하엘 광장에 나중에 '로스 하우스'로 부르는 장식이 거의 없는 도시건축을 지어서 스캔들에 도전하였고, 또한 같은 해에 완전 무장식의 주택 '슈타이너 주택'을 세상에 내보였다(그림19). 논쟁하기

그림19. 아돌프 로스, 로스 하우스, 빈, 1910.

좋아했던 로스는 같은 시대 아르누보의 새로운 곡선장식도 엄격하게 비판하였다. 베렌스가 아르누보에서 기하학 경향으로 전환한 것은, 로스에게는 자신의 뜻대로 되었던 바였다. 확실히 시대는 로스가 주장한 방향으로 나아갔고, 역사를 움직였다는 그의 공적은 부정할 수가 없다.

컴퓨터 기술과 관련된 정보미학情報美學의 한 방법에는 형태를 디스플레이 위에 재현하는 데 필요한 데이터량으로 정해지는 정보량이라는 것이 있다. 피라미드나 단순한 육면체 덩어리인 건축물은 정보량이 적다. 삼차원 좌표계에서 선분은 두 점의 XYZ좌표와 그것을 잇는 명령만으로 해결된다. 사각형의 한 면은 4개의 점과 4개의 선분 그리고 닫혀진 면의 표리表裏를 결정하면 된다. 직육면체는 6개의 면으로 이루어진다. 그 정도의 정보량으로 볼륨은 재현될 수 있다.

그러나 세세한 장식이 붙으면 그 작은 형태마다 입체정보를 정하지 않으면 안되고, 정보량이 한꺼번에 커지게 되며, 재현하려면 오랜 컴퓨터 가동시간이 필요하다. 후드의 네오 고딕건축 따위는 방대한 정보량이 필요하다. 물론 정보량이 많고 적음에 따라 가치가 직접 좌우되는 것은 아니다. 적은 정보량을 지향했다고 말할 수 있는 피라미드는 또 다른 감동을 한층 불러일으킨다. 쓸데없는 장식을 없애라고 주장했던 로스는, 말하자면 정보량의 감축을 부르짖었던 것이다. 복잡성 지향과 단순성 지향 사이에 발생한 명확한 대립은 현대적 정보미학의 관점으로도 이해할 수 있다.

  18세기 신고전주의가 주장했던 큰 테마로서 '에코노미'가 있었다. 당시 이 말의 의미는 경제라기보다는 절약이라고 번역하는 편이 이해하기 쉽겠다. 그러한 경제관념은 자금이 없으면 장식을 생략하여, 평탄한 벽면을 노출시켜도 좋다는 건축디자인 상의 규범을 만들어 냈다. 사실 프랑스 대혁명 시절의 건축가 C. N. 르두가 보여준 장식이 적은 중후한 건축스타일이 나타났던 배경에는, 화려함에 구애되지 않는 지역 건축에서 장식을 생략하는 건축스타일을 쓰고 있었다는 것이다.

  로스는 당시 발전도상국이었던 미국 체류를 계기로 유럽의 건축상식에 의문을 가지고 장식의 부정을 주장하게 되었다. 한편으로 미국에서는 19세기 유럽의 역사주의 스타일을 동경하는 경향이 있었지만, 그러한 문화성에 집착하지 않는 기업가들이 지은 장식 없는 공장건물, 창고건물 등은 오히려 소박한 합리성과 생활력 넘치는 힘센 입체를 표현하고 있었다. 후진지역인 미국은 로스에게 건축을 혁신하는 활동을 재촉하였다.

  물론 단순히 장식이 없는 정도라면 보기에 좋지 않은 싸구려 건축이 된다. 로스는 무장식의 건축에 고전건축에서 배운 비례감을 부여하려고 하였고, 실제로 슈타이너 주택같은 무장식 건축에는 감추어진 수평, 수직의 기준선이 있고 창에도 비례미가 부여되어 있다.

추상적 고전주의

그로피우스의 대표작인 데싸우 바우하우스 교사나 미스의 대표작인 바르셀로나 파빌리온과 같이 1920년대에 만들어진 모든 건축물은 구성주의의 기하학적 형식과 비대칭적인 전체구성으로 알려져 있다. 그것은 20세기의 기조가 되는 인터내셔널 스타일의 특징을 훌륭하게 표현하였으며, 20세기 초 건축 예술운동이 홀로 발전한 결과 새로이 만들어 낸 것이었다. 그러나 사실 그 기하 입체의 구성은 19세기초 낭만적 고전주의 romantic classicism에, 또한 비대칭구성도 역시 같은 시대에 확립된 픽처레스크 picturesque 건축구성 기법에 뿌리를 두고 있다는 것은 그다지 중시되지 않고 있다.

모더니즘 건축가는 역사로부터 단절을 주장하고, 역사 속에서 모델을 구하지 않는다는 의지에서 완전히 새로운 형태를 창조해 왔다고 자부하였다. 그러나 세상사는 그리 간단히 진행되지는 않는다. 콜린 로우는 르 꼬르뷔제의 설계마저 16세기 팔라디오의 빌라 건축에 뿌리를 두고 있음을 밝혔다.[6] 그리고 그로피우스, 미스는 19세기 전반 베를린에 많은 건축물을 남겼던 건축가 K. F. 쉰켈에게 많은 것을 힘입었지만, 이 사실들도 아직 일반에는 상세하게 알려져 있지 않다.

또한 그들이 1910년대부터 1920년대에 걸쳐 스타일상 큰 변화를 경험했던 것도 그다지 알려져 있지 않다. 먼저

---

[6] 『マニエリスムと近代建築』, コーリン・ロウ 著, 伊東豊雄・松永安光驛, 彰國社, 1981, 第1章.

서술한 바와 같이, 1900년대는 로스나 베렌스와 같은 20세기 신고전주의 시대였고, 그로피우스와 미스도 그 시대에는 건축실무를 배우고 있었다. 그리고 1910년대는 이들의 시대가 되기 시작하였다. 베렌스에게서 배운 두 사람은, 물론 아르누보에서 표현주의로의 흐름이 아닌, 신고전주의의 흐름에 몸을 던졌다. 1910년대에 그로피우스의 등장은 화려했지만, 미스는 사색이 깊은 때문인지 조금 뒤처졌다.

베렌스의 건축사무소에서 미스는 페테르부르크에 세운 '독일대사관'(1911-1912년) 설계를 담당하였다. 그것은 단순한 파사드였고, 고전양식을 간략화한 원주가 강하게 늘어서 있다. 기둥은 그다지 치밀하게 세공되어 있지 않았고, 잘게 뗀 돌쌓기의 줄눈이 두드러져, 완성된 고전 미학과는 거리가 멀었다. 그런 만큼 장대한 엔타블레처(보)가 두드러지고, 중앙상단에 놓여진 이두마二頭馬와 고삐를 끄는 구상조각이 눈에 띄게 두드러진다. 아르누보 시대의 베렌스를 생각한다면 여기에서는 다른 사람인가라

그림20. 미스 반 데 로에, 비스마르크 기념비 안, 1910.

고 생각될 만큼 소박함이 남아있는 듯 하였다.

　그 중후함만이 두드러진 스타일은 미스가 베렌스 사무실 직원으로서 1910년에 제출했던 '비스마르크 기념비' 설계경기안으로 발전하여, 그의 독자적 스타일이 드러나게 되었다(그림20). 라인강에 면한 고지대에 거대한 기단을 만들고, 그 위에 각주의 열주로 끼워진 광장을 배치한 제안이었지만, 세세한 장식을 전부 없애고, 중후한 돌쌓기와 정연하게 늘어선 거대한 열주로 인상을 부여하는 소박한 기념비성은 20세기 신고전주의의 성격을 충분히 표현하고 있다.

　후에 미스가 미국으로 이주한 뒤, 철골조와 투명한 유리로 초고층 건축스타일을 확립하여 20세기의 신전과도 같은 작품들을 발표한 것을 생각해 본다면, 1910년대 스타일은 중후하고 거칠다. 그러나 이들 모두 견고하고 안정된 기둥이 병치되고, 나머지 장식을 모두 없앤 여유 없는 건축 모습이라는 점이 공통된다. 여기에서도 키워드는 20세기 신고전주의이다.

　석공 기술자였던 아버지의 손에 길러져, 어려서부터 석재에 자연스럽게 길들여졌다고 생각되는 미스는, 아직 모더니즘의 입김을 받지 않은 1910년대에는 오히려 전통에서 디자인 모티브를 구했던 것 같다. 18-19세기의 신고전주의는 한편으로 그리스 형식을 충실히 따르면서 다른 한편으로 기둥과 보의 구조가 지닌 힘의 표현을 더욱 상징화하게 되어, 예를 들면 르두의 '파리의 문Portes de

그림21. 발터 그로피우스, 두 가족을 위한 농가 계획안, 야니코우, 1906.

Paris' 처럼, 대부분 고전장식이 없는 소박한 구축형식을 그대로 건축표현에 사용하기도 하였다. 미스의 비스마르크 기념비 계획안은 그와 같은 간략화, 추상화된 신고전주의였다.

그로피우스의 경우는 베렌스 밑에서 쿠노주택 설계에 사용된 명쾌한 기하학을 계승하였다. 그는 베렌스 사무실에서 독립하여 아돌프 마이어와 건축사무소를 공동으로 운영했지만, 실은 기하학 신비주의라고도 할 만큼 정연했던 기하학은 마이어의 힘이었다고 생각된다.

아직 베렌스의 사무실에 들어가기 직전에, 23세의 그로피우스가 설계한 두 가족을 위한 농가(야니코우, 1906년)에는 그로피우스의 관심이 이미 잘 나타나고 있다. 윤곽은 심메트릭하고, 일층에는 여덟 개의 긴 수직 창이 가지런히 병치되어 있고, 여기에 맞춘 것처럼 이층의 창문은 좌우에 두개씩 배치되어있다. 좌우 끝 부분을 난로, 굴뚝과 현관문이 막고 있다. 이는 로스와 비슷하게 무장식의 벽면과 가지런한 창 배치를 보인다(그림21). 그 심메트리와 가지런한 창 배치 디자인은, 1914년 드람부르크의 창고건축에서는 페디먼트를 추가하며 베렌스다운 신전모티브로 나타난다.

그리고 그로피우스와 마이어는 1914년 독일공작연맹 쾰른전에서 대형 유리면을 사용한 모델 사무소 공장을 계획하여 새시대의 장을 여는 작품에 도달한다. 이것은 그 후 모더니즘건축 스타일의 선구로 주목받아 왔지만, 이러한 1920년대의 해석을 잊어버린다면, 거기에는 전통 연장 상의 신고전주의가 발견된다.

이 중 모델 공장의 파사드 윤곽은 각을 둥글게 한 오각형이고 고전 신전을 근거로 했던 베렌스의 AEG터빈 공장을 더욱 합리화한 것이었다. 한편 모델 사무소는 야니코우 농가와 비슷하게 단순한 직육면체이며, 정면 좌우 끝 부분에 돌기가 나있고 벽돌벽면은 가지런히 구획되어 있다. 다른 한편 배면은 1층은 기둥이 각진 열주가, 2층은 전면 유리를 금속 틀이 가지런하게 구획하고 있다. 여기에서는 열주를 제외한 고전양식 장식은 전혀 보이지 않으며 외관을 명확하게 수평, 수직의 분절선으로 구획하고 있다.

1900년대의 고전회귀는 이렇게 미스와 그로피우스가 고전장식이 없는 신고전주의의 추상적 형태로서 승화하였다. 여기에는 1920년대를 예감케 하는 조형이 확실하게 보이지만 오히려 모더니즘 이전의 심메트리, 파사드의 분절, 열주 모티브 등과 같은 요소가 남아 과도기적인 성격을 보이고 있다.

아르누보와 표현주의는 지금까지 예가 없는 형태를 추구했던 자유로운 감성을 전개시켰지만, 신고전주의의 형식미 경향은 금욕적인 간결성을 요구했다. 이렇게 20세기 초에는 이 두 가지 흐름이 나타나 19세기는 급속하게 과거로 멀어져 갔다. 시대의 큰 전환을 이루는 수법으로서 '움직임'의 메커니즘이 여기에서 명확해질 것이다. 철저한 자유로움이 가져오는 풍부함의 추구일까? 아니면, 정보량을 알맞게 떨어뜨려서 투명한 형식미로 환원해 가는 것일까? 어느 것이든지 길은 있겠지만 이렇게 서로 모순된 두 가지 길이 서로 견제하는 점이야말로 이 시대의 특징이다.

02 이성의 모험

I. 제로에서 구축하기

퓨리즘의 세계상

　제1차 세계대전이 끝난 1918년에 르 꼬르뷔제는 아메데 오장팡과 함께 퓨리즘Purisme(순수주의)이란 예술운동을 시작한다. 파리의 토마화랑 전람회에서 르 꼬르뷔제는 화가로 등단하였다. 그 최초의 작품은「난로」라고 제목 붙여진 한 장의 신비스런 회화였다(그림22).

　이 그림에서 눈을 끄는 것은 마치 두부 같은 중앙의 하얀 육면체이다. 그림 왼쪽 아래에는 고전양식의 콘솔장식이 보이며, 확실히 난로의 윗면에 육면체가 배치된 것처럼 파악된다. 그러나 도대체 이 육면체는 무엇을 묘사한 것인지 알 수 없다. 거기에는 음영이 있고, 또한 거울 같은 난로의 윗면에 비춰지고 있다. 리얼한 광경이기 때문에 초현실주의 회화 같은 신비감이 떠돈다.

그림22. 르 꼬르뷔제, 난로, 1918, 르 꼬르뷔제 재단 소장. ©FLC/ ADAGP, Paris & SPDA, TOKYO, 1998.

　르 꼬르뷔제와 오장팡은 같은 해에『큐비즘 이후Apré le Cubisme』라는 제목의 글을 썼고, 큐비즘(입체파) 예술운동을 비판적으로 계승하려 하였다. 큐비즘은 20세기의 새로운 감성을 가지고, 눈에 보이는 3차원공간을 기하학적으로 분해해서 재구성하는 추상회화 수법을 개척하였다. 그러나 르 꼬르뷔제의 눈에 큐비즘은 수법의 매너리즘에 빠져있다고 생각되었다. 르 꼬르뷔제는 새삼 리얼리

그림23. 르 꼬르뷔제, 보울, 1919, 르 꼬르뷔제 재단 소장. ⓒ FLC/ ADAGP, Paris & SPDA, TOKYO, 1998.

그림24. 폴 세잔느, 엑스 부근의 집(장 드 브팡)(부분), 1885-87, 프라하 국립미술관 소장.

티를 요구하였다.

다음해인 1919년 『보울』이라는 제목의 그림에서도 육면체가 나타났지만, 여기서는 추상화 경향이 한층 더 명확해졌다. 테이블 위에는 둥글게 말려진 종이, 파이프, 그리고 육면체 위에 하얀 찻잔 같은 컵이 있어, 리얼한 광경을 추상화해서 표현하고 있음을 알 수 있다(그림23). 그러나 상자라도 놓여 있는 것일까 라고 생각되는 갈색 육면체가 무엇인지는 역시 분명하지 않다. 컵이 이 육면체로부터 굴러 떨어지지 않을까 라고 걱정이 될 만큼 위험한 위치관계에 있는 것도 의미 깊다.

르 꼬르뷔제는 큐비즘을 폴 세잔느의 솔직함으로 되돌리려 했을 것이다. '엑스 부근의 집' (1885-87년) 에서 볼 수 있듯이, 세잔느는 풍경 속에 나타나는 소박한 벽돌조 주택을 간신히 집이라고 알 수 있을 정도로 추상화해 나무블록 쌓기의 엘레먼트처럼 표현하기 시작한 최초의 화가였다(그림24).

꼬르뷔제는 점차로 추상도를 높여 갔지만, 피카소처럼 리얼한 물체와의 결합을 거의 포기할 정도까지는 나아가지 않았다. 순수한 화가가 아니고 건축가였던 점에서, 회화 공간 속에서도 현실의 공간을 구하려고 하였다.

그럼에도 불구하고 그의 육면체는 신비 그 자체이다. 그것은 이집트의 피라미드가 신비스런 것과 비슷하다. 완벽한 정사각뿔인 피라미드는 분묘라는 리얼리티를 신비한 조형예술로 높였지만, 그것은 추상적이고 순수한 형태가 인간 심리에 강한 압력을 끼친다는 현상을 알았던 디자이너가 만들어낸 것이다. 르 꼬르뷔제에게도 순수한 형태가 단순함에도 불구하고 힘을 발휘하는 것이 중요하였다.

물론 그것은 건축디자인에서 추상형태가 사용될 때의 숨겨진 지혜이기도 했다. 추상형태가 반드시 심리적인 힘이 된다고는 할 수 없다. 공장처럼 실용적인 건축형태에는 명쾌한 형태질서가 있지만, 보통 공장은 눈에 두드러지지는 않는다. 베렌스가 공장에 신전 모티브를 적용했던 것과 같은 의도적인 양식화가 여기에서 필요하다. 그러나 예전에 르 꼬르뷔제가 뭔가를 찾아 베렌스의 건축사무소에 체재하였지만 그다지 얻을 것이 없다고 보고 곧 떠났던 일이 나타내는 것처럼, 르 꼬르뷔제가 찾았던 형태는 조금 달랐다.

앞서 정보미학의 기본 발상을 소개했지만, 그것은 르 꼬르뷔제가 퓨리즘을 통해 무엇을 얻으려고 했는가를 해석하는데도 도움이 된다. 그는 현실로 눈에 보이는 것이 정보량으로는 너무 많으며, 뭔가를 전달하고 표현하는 데에는 정보량 감축에 착수하지 않으면 안 된다는 것을 알았다. 세잔느는 확실히 그 감축을 이루었고, 르 꼬르뷔제에게는 큐비즘의 출발점으로 유효했음은 명확하였다. 그러나 인상파 화가인 세잔느로서는 어디까지나 외부세계가 눈에 비추어져 마음에 '임-프레스 im-press' 하는(안으로 새겨지는) 현상이 긴요한 것이었다. 건축가 르 꼬르뷔제는 집이라는 형태를 아무것도 없는 공간에 나타내어야만 했고, 회화 작업은 그 기초 준비에 지나지 않았다.

건축가는 정보를 새로 만들어 내는 것이 일이다. 새로 만들어낸 형태에 풍부한 정보가 포함되어 있어야만 한다. 『난로』 등의 육면체가 신비스럽게 보이는 것은, 단순히 여덟 개의 점, 열두 개의 모서리로 된 형태에 물리적인 정보량 이외에 심리적인 것이 나타나있기 때문이다. 20세기의 최초 20년 간은 단순성으로의 충동이 시작된 시기였고, 르 꼬르뷔제는 그 연장선 위에서 단순한 것이 지닌 힘의 존재를 적극적으로 나타내고자 하였다.

표현주의Expressionism란 말은 '엑스-프레스ex-press' 라는(바깥으로 표출하는) 예술행위를 가리킨다. 독일 표현주의의 강한 자극이 있는 표현방법은 특이한 표현의지에서 나온 것이라고 하지만, 20세기 초기의 예술가에게는 적극적으로 오브제와 공간을 구축해 가는 것이 일반화되었다. 형태의 윤곽만으로 전체를 표현하려한 표현주의도 있었다면, 르 꼬르뷔제처럼 형태를 순수화하고 투명화시켜 피라미드 같은 표현력을 발휘시키려는 방법도 있었다. 어쨌든 과잉된 형태의 조합이나 카오스적 형태가 커뮤니케이션의 수단이었던 시대는 과거가 되었다.

레만 호수의 북쪽 시계공의 마을 라 쇼 드 퐁에서 자라난 르 꼬르뷔제가 처음으로 그곳에 지었던 건물 '팔레 주택 Villa Fallet'은 급경사 목조 지붕, 전통적인 곡선협장 구법, 수상樹狀구조를 상징하는 것 같은 창살의 디자인, 벽지를 붙인 것 같이 추상적인 패턴을 반복하는 벽화 모양의 장식들처럼, 가지각색의 정보로 가득 차 있다(그림 25). 그것은 네오 바로크의 과잉성과 아르누보 정도의 유기적 곡선은 없고, 소박한 전통공법의 연장 위에 약간 소녀 취향이라고도 할만한 경쾌하며 아름다운 디자인을 보였다. 그런 그가 큐비즘의 영향을 강하게 받고서, 추상화, 결국은 정보량 소멸의 극으로 겨우 다다른다. 아무것도 의미하지 않는 육면체는 거의 정보량 제로의 극이었다.

그림25. 르 꼬르뷔제, 팔레 주택, 라 쇼 드 퐁, 1906, 파사드 원안, 개인소장. ⓒFLC/ ADAGP, Paris & SPDA, TOKYO, 1998.

퓨리즘 선언에 앞서서 르 꼬르뷔제는 1914년 돔-이노 DOM-INO라고 이름 붙여진 건축형태 원리를 발표하였다(그림26). 이것은 콘크리트 구조에서는 4개의 기둥만으로 지탱되는 바닥판만 있다면 건축의 골격은 가능하다는 것을 나타냈으며, 그밖에 지면과 접촉면인 기초와, 2층 이상의 건물이 될 때 계단만이 필요하다고 하였다. 이런 사고방식의 획기적인 점은, 이제까지 유럽의 전통 공법이었던 벽돌구조의 경우는 우선 붉은 벽돌 벽을 만드는 것부터 시작하여, 내부에 목조의 기둥과 보, 또한 바닥의 구조를 추가해 갔던 것이었지만, 이러한 발상이 역전되어버린 것이다.

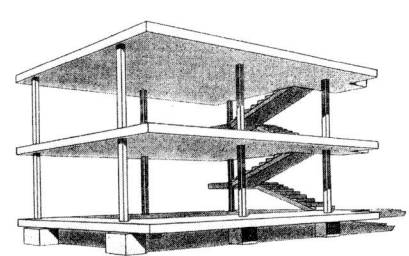

그림26. 르 꼬르뷔제, 돔-이노, 1914. ⓒFLC/ ADAGP, Paris & SPDA, TOKYO, 1998.

벽은 뒷전이 되고, 먼 훗날 전면유리의 커튼월 건축도

여기서부터 논리적으로 나오게 된다. 간단한 것이지만, 이 건축은 종래의 상식을 역전시켰으며 일반인이 받아들이기까지는 역시 여러 가지 불화를 겪어야만 했다.

그 정신은 퓨리즘과 공통되며, 쓸모 없는 정보를 없애고 남겨진 최소한의 것에서 다시 조립하여 세운다는 것이다. 돔-이노에서 퓨리즘을 표명한 몇 년 사이에, 바야흐로 유럽은 정치적, 사회적인 혼란에 빠졌고, 상식이 뒤엎어지는 제1차 세계대전이 발발했다. 그 사이에 러시아 혁명이 일어났고, 또한 종전과 함께 독일혁명이 일어나 짜르와 카이저도 추방되었고, 유럽 사회가 대중민주주의 사회로 전환되었다. 르 꼬르뷔제는 건축의 사색에서 돔-이노를 개척하고, 그것이 보편화되도록 퓨리즘의 예술운동, 정신운동을 개시하였다.

얼마되지 않아 르 꼬르뷔제는 1925년 '쁠랑 보와젱Le Plan Voisin'이라고 이름 붙인 파리 도심부 개조계획안

그림27. 르 꼬르뷔제, 쁠랑 보와젱, 1925 ⓒ FLC/ ADAGP, Paris & SPDA, TOKYO, 1998.

을 제시한다(그림27). 그것은 과히 쇼킹한 표현으로 어필 효과를 노렸다고 생각되지만, 파리의 경관을 한번에 완전히 변화시킬 것 같은 놀랄만한 제안이었다. 그 계획안의 모형을 보면, 시테 섬 바로 북쪽까지 범위가 미쳤고, 파리 중심에서도 가장 역사적인 고대 로마시대의 계획도시인 카스토륨이 있었던 지구를, 쭉 고른 초고층 거리로 바꾸려는 것이었다. 그것은 이미 '삼백만 인구를 위한 현대도시'(1922년)제안에서 제시되었던, 건강한 일조, 녹지, 공기를 가장 첫 번째로 하는 기능주의적 도시계획 이론을 파리에 적용하려는 것이었다.

거기에도 우선 역사의 축적이 만들어낸 기존의 정보를 완전히 없애고, 도시를 제로에서 다시 생각한다는 시점이 있었다. 기존 건축물을 일단 전부 없애 과거의 모습을 완전히 잊고서, 전부 새로이 디자인하는 이러한 재개발 수법은 '스크랩 앤 빌드scrap and build'라고 불렸고, 특히 제2차 대전의 전후 부흥이래 전 세계에서 전개되었지만, 그 발상이 여기에 보기 좋게 나타나 있었다. 이 같은 방법론은 '타블라 라사(백지)' 수법이라고도 불렸지만, 기존의 것을 없앤다는 행위 그 자체 속에 모더니즘의 정신이 있었다.

가는 기둥과 바닥판에서 발상하였다는 돔-이노는, 유럽의 전통건축을 완전히 부정하고 새롭게 주어진 건축재료만으로 논리적으로 다시 생각한다는 것을 의미하였다. 르 꼬르뷔제가 자랐던 스위스에도 목조 전통이 살아 있었지만, 그곳에 19세기 말기부터 알려지게 되었고 구미의 건축가에게 영향을 주었을 일본 목조축조구법이 은근히 영향을 주었다는 것도 추측된다. 그 시대 유럽인 스스로가 유럽의 전통을 부정하고, 제로에서부터 재생하려고 했던 일면을 여기서 볼 수 있다.

미래파의 돌파구

돔-이노가 제시된 것과 동시에 1914년에 안토니오 산텔리아가 '미래파 건축선언'을 발표했다. 『르 피가로』지에 시인 마리넷티가 '미래선언'을 발표한 것은 1909년의 일이었고, 그것은 단숨에 문예세계를 휩쓸었다. 거기에서도 유럽인 스스로 유럽의 전통을 부정하였다.

그런데 '유럽의 몰락'이란 말이 지식인 사이에 오고갔던 이 시대에, 사실 유럽인은 세계인으로 탈피하고자 커다란 걸음을 내닫기 시작하였다. 후에 1920년대 독일을 중심으로 확립되었던 인터내셔널 스타일이 세계로 보급되도록, 20세기의 공간문화가 유럽에서 시작되었다. 유럽은 몰락하기는커녕 다시 세계를 지배하였다. 그러나 그 지배는 패권다툼이나 정치권력을 통해서가 아니고, 정말로 인간의 일상생활의 스타일 확립을 통해서 이루어졌다.

유럽인은 세계인으로 탈피하기 위해서, 이를테면 고흐와 고갱은 동양에서 새로운 출발점을 모색했고, 큐비즘

회화는 아프리카의 원시적인 조각을 참조했으며, 또한 건축가들은 지중해연안의 지역건축vernacular architecture이나 일본의 목조건축을 참고하였다. 유럽인의 발상은 이미 유럽의 범위를 넘어서서 지구전체 속에서 보편성을 추구하고 있었다.

역사상 때때로 인간의 발상이 근본에서 다시 만들어지는 패러다임의 전환이 일어났다고 말해왔다. 역사적인 건축양식도 또한 패러다임이라고 말해도 좋으며, 예를 들어 고딕양식과 르네상스양식은 사고방법이나 사고체계의 구조가 애초부터 달랐다. 그와 유사한 전환을 20세기 초 유럽은 시험하였고, 더욱이 유럽이 범위가 아니라 세계를 범위로 새로운 패러다임 구축에 착수하였다.

유럽적 현상에 대한 부정은 한편으로는 미개지역을 동경하는 이국적인 낭만주의를 불러왔지만, 다른 한편으로는 미래를 꿈꾸는 타입의 낭만주의를 일으켰다. 미래파는 미지의 미래사회상을 제시함으로써 현상의 부정을 강조하였다. 산텔리아는 다음과 같이 쓰고 있다.

"우리들은 미래파의 도시를 발견하고 건설하지 않으면 안 된다. … 그것은 거대하고 떠들썩한 조선소와도 비슷하고, 어느 부분을 보더라도 재빠르고, 움직이기 쉬우며, 다이내믹한 것이지 않으면 안 된다. 미래파의 주택은 거대한 기계와 같은 것이어야만 한다."[1]

장식이 풍부한 네오 바로크 같은 19세기적 건축 이미지는 엄격히 비판되었고, 문화의 향기도 없는 조선소나 기

[1] 『世界建築宣言文集』, ウルリヒ・コソラーシ國編, 阿部公正譯, 彰國社, 1970. p.38

그림28. 안토니오 산텔리아, 치타 누오바 (신도시), 1914.

계가 새롭게 모델이 되었다. 이 변화는 문화의 야만화로 보아도 괜찮을 정도로 역사를 무시하였다. 유럽의 건축문화는 바야흐로 타블라 라사의 위기를 맞이하게 되었다.

산텔리아는 '치타 누오바Cita Nuova(신도시)'로 이름 붙인 여러 장의 그림을 그려 전람회에 출품했다(1914년). 확실히 거기에는 마치 거대한 공장 같은 구조물이 들어서 있고, 다리 밑을 철도가 관통하며 고속도로가 뻗어 있으며, 토목공사 스케일의 다리가 걸쳐있다, 또한 엘리베이터가 수직축을 이루고 고전압 철탑이 건물 위에 솟아있고 전선이 하늘에 뻗어있다(그림28). 지금으로 말하자면 소박한 만화에 잘 나타나는 미래 세계의 그림이 자랑스럽게 제시되어 있다. 거기에는 예전의 건축미학에 있었던 인간적인 시적 감정은 소거되었고 물론 전통적인 장식은 흔적도 없다. 고전주의의 안정된 비례감도 없으며 스피드 감이 눈을 속이는 듯 하다.

산텔리아의 문장에 미래파의 리더이던 마리넷티가 덧붙여 쓰고 있는데 거기에는 시적인 언어표현이 들어가 있다. "비스듬한 또는 타원형의 선은 자연스럽게 다이내믹하고, 그 감정효과는 수직과 수평의 직선보다도 천 배나 큰 것, 그리고 또한 그것 없이는 다이내믹한 건축은 존재할 수 없다는 것을"[2]

산텔리아는 수력발전 댐과 같은 사선을 미래도시의 모습에 즐겨 사용하였지만, 마리넷티는 이를 포착하여 미래도시의 상징적 기호로 보았다. 타원형 선은 오히려 포물

[2] 앞책, p.40

곡선 같은 구조라인을 가리켰다. 구조적인 필연에서 생겨난 형태야말로 훌륭한 것이라고 할 때, 이미 인위적인 고전주의 미학은 안중에도 없었다. 사람 손의 자취는 모두 사라져 버렸다.

그런데 미래파의 안티 휴머니즘anti-humanism은 웃지 않고는 못 배길 정도로 극단으로 나아갔다. 그들은 기관총이 등장하고 탱크라는 것이 나타난 근대적인 전쟁기술에도 마음을 빼앗겨 버렸고, 제1차대전이 발발하자 바로 지원하여 전쟁터에 나갔다. 침체된 일상과 비교한다면 전쟁의 스피드감은 그들에게는 도취 이외의 어떤 것도 아니었다. 풍부한 상상력 덕분에, 르네상스 건축을 낳은 이탈리아에서 새로운 건축스타일이 막 나타나려고 할 때쯤, 산텔리아는 전쟁터에서 사라졌다.

오늘날 그들은 너무나도 자기 파괴적인 예술가였다고 말할 수 있지만, 스스로 유럽문화를 파괴하려 한 미래파다웠던 결말이었다. 그들은 달콤한 꿈을 꾸고 밝은 미래 도시의 모습을 그리는 단순한 미래 유토피아주의자는 아니었다. 그들은 역사의 전환점에 서서 상당한 각오로 역사를 움직이려고 하였다.

'속도감'이라는 개념을 키 텀key term으로, 1990년대에 주목받았던 도시 건축이론가 폴 비리리오의 발상은 틀림없이 미래파에서 비롯되었다. 건축디자인에서 속도를 의식하는 것은 19세기 건축양식을 무대로는 있을 수 없는 일이었다. 그리고 산텔리아는 전차, 또는 자동차 승객의 시점視點을 발견하고, 보행자의 눈에 비친 건축의 질서와는 다른, 사물의 새로운 질서를 이해하였다. 20세기에는 초고속철도만이 아니라 제트기로부터 로켓 같은 더욱 속도 있는 기계가 등장하였고, 더욱이 오늘날의 인터넷은 광 기술로 정보를 거의 눈 깜짝할 시간에 지구의 뒤편까지 전달하기에 이르렀다. 비리리오는 그것이 인간의 심리와 행동양식을 변하게 했고, 사회구조에까지 영향을 주었다고 말한다.

이런 속도기계의 무기적 질서를 향한 동경이라는 것도, 사선을 둘러싼 마리넷티의 시적 감정에도 있듯이, 사실은 인간적인 디자인 산물이었다. 산텔리아의 '발전소' 스케치에는 연기가 대기를 흔들고 있는 것 같은 곡선이 나타난다(그림29). 그것은 틀림없이 아르누보 곡선이며, 확실히 산텔리아의 디자인에 아르누보가 영향을 미쳤다는 것이다. 지상에는 확실하게 거의 직선만으로 구성된 합리적 질서가 조립되어 있다. 그리고 그 직선의 속도감이 대기로 날아오를 때, 그것은 아르누보 곡선이 된다.

바꿔 말하면, 아르누보 곡선에는 미래파적 속도감으로 이어지는 싹이 있었다. 이전에 19세기 양식건축의 카오스를 녹

그림29. 안토니오 산텔리아, 발전소, 1914.

여버리고 유기적으로 통합시킨 곡선이, 이번에는 공간에서 요동을 만들기 시작했다. 그것은 고흐가 본 하늘에서 꿈틀거리며 기묘하게 흔들리는 곡선의 연장에도 존재하였다. 세기말적인 카오스 세계로부터 점차 유기적인 카오스곡선이 나오게 되었던 것이다.

그래서 아르누보 곡선의 우아한 속도감은 갑자기 기계의 수직적 속도감으로 이행하였다. 하늘을 춤추는 곡선의 쾌락은 곧 목적을 가진 속도감으로 넘어가 직선적 구성에 이른다. 미래파 속에 남아있던 희미한 낭만주의는 이윽고 사라지고, 나중에 보게되는 바처럼 냉정한 형식합리주의로 넘어가, 예술가 손의 따뜻함을 버리게 된다. 이러한 이행 또한 20세기로 가기 위한 전환점의 하나였다.

구성주의의 구축성

러시아 구성주의와 네덜란드 구성주의라는 2개의 구성주의는 20세기의 건축스타일을 형성하는데, 다른 유파들 보다도 더욱 큰 영향을 남겼다. '구성주의constructivism'라는 말은, 직역하면 오히려 구축주의構築主義라고 할 수 있는데 반드시 번역어가 적절하다고는 생각하지 않는다. 그러나 유동적인 시대에서, 뉘앙스의 미묘한 차이에 너무 얽매이는 것도 의미가 없다.

더욱이 일본어에서 구성構成과 구축構築은 상당히 큰

차이가 있고, 러시아 구성주의는 구축적인 의미가 강하며, 한편 네덜란드 구성주의는 컴퍼지션composition이라는 의미의 구성에 가깝다. 미묘한 차이지만 러시아 구성주의는 결국 러시아혁명과 관계가 있고, 제로로부터 구축한다는 의미가 포함되어 있다. 한편 네덜란드 구성주의는 전통적인 기하학 신비주의 속에서 나온 추상적인 형태구성에 중점을 두고 있다.

기반은 물론 약간 다르지만, 거기에는 비슷한 조형처리가 나타나고, 곧 그것은 인터내셔널 컨스트럭티비즘 international constructivism이라고도 부르는 유럽 전체의 구성주의 스타일을 낳는다. 그것은 단순한 형태의 유행이 아니라 형태의 새로운 리얼리티와 제휴하였다. 그리고 애초 예술가의 내성적인 조형운동에 한정되었던 활동은, 곧 건축물, 도시디자인을 위한 합리적인 형태언어로서 확립되었다.

거기에 1920년대 신즉물주의新卽物主義와 기능주의라는 생활상의 합리주의가 관련되어 있다. 예술이 인간의 일상에 관련되는 것이 과연 뛰어난 성과를 남길지 어떨지는 언제나 논의거리이다. 실리적인 것에 얽매인다면 분명히 예술에 불순물이 섞여들어 가는 것은 틀림없지만, 그렇다고 생활로부터 유리된 예술은 인간사회로부터의 도피라고 밖에 볼 수 없다. 여하튼 건축가들에게 구성주의는 지극히 쓸모 있는 조형테크닉으로써, 20세기 건축스타일을 확립하는 데 활용되었다.

한편, 러시아 구성주의에도 19세기 말의 스타일을 포기하고 20세기 스타일로 전환하는데 힘을 쏟았던 예술가가 있었다. 이는 수프레마티즘suprematism(절대주의絶對主義)이라는 유파를 만든 카지미르 말레비치Kasimir Malevichi였다.

애초 지방의 한 인상파 화가로서 출발한 그는, 곧 모스크바로 나와 유럽의 급박한 전개를 알게 된다. 말레비치는 한때 자기 작품에 '입체미래파' 라는 기이한 말을 적용시켰다. 그것은 물론 큐비즘(입체파)과 미래파의 합성어로, 양쪽의 기하학적 구성방법을 받아들인 것이었다. 러시아에서는 특히 시인들 사이에서 이탈리아 미래파의 영향이 강해 한 유파를 이루었고, 말레비치는 그다지 지조도 없이 그것을 따랐던 것 같다.

그러나 말레비치의 왕성한 정신은 유럽 규모의 추상회화운동의 깊숙한 곳을 엿보았다. '검은 사각형'(1914-15년)이라는, 사각형의 캔버스에 그냥 사각형을 그렸는가 하면, '흰색 속의 흰색'(1918년)이라는 철학적 타이틀로 비스듬히 경사진 하얀 사각형을 그리기도 했다(그림30). 러시아 혁명을 겪으면서, 사회의 이상 심리상태를 마음으로 느끼고 이해한 듯, 말레비치는 회화 세계의 절대 영도의 지점까지 힘겹게 다다르게 된다.

이차원의 컴퓨터 그래픽, 소위 '드로잉 소프트웨어' 에서는, 처음에 '한 변의 길이가xx인 사각형을 그려보세요' 라는 과제가 나온다. 결국 말레비치가 간신히 힘겹게 다

그림30. 카지미르 말레비치, 검은 사각형과 빨간 사각형.

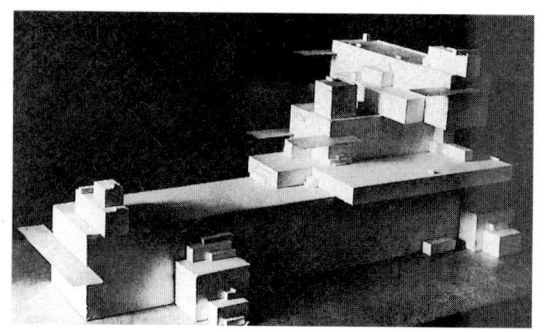

그림31. 카지미르 말레비치, 아키텍톤 알파, 1923.

다른 수프레마티즘의 세계는 가장 초보라는 것이 된다. 정보미학으로 말하자면, 수프레마티즘의 회화는 가장 정보량이 적은 회화작품이라는 것이다. 과연 말레비치가 지향했던 것은 돈키호테의 착각과도 비슷한 것이었을까?

그러나 무無의 세계로, 말레비치 스스로가 말한 '비대상非對象의 세계'로 되돌아가는 것이야말로 이 시대에 가장 필요하였고, 그것을 파악한 말레비치의 눈은 혁명가의 눈과 비슷했다. 기성의 가치관을 모조리 없애버리는 것에서부터, 새로운 한 걸음은 시작되었다. 거의 비슷한 시기에 르 꼬르뷔제는 하얀 육면체를 발견했으며, 조형가의 의식은 깊은 저류로 서로 연결되어 있었다.

1920년대 말레비치는 수프레마티즘을 입체화하기 시작하여 우선 '검은 정사각형'이라는 석고작품을 만들고, 또한 '수프레마티스트 아키텍톤suprematist architecton(절대주의 건축)'이라고 이름 붙인 입체조각을 몇 개 제작하였다(그림31). 전자는 나무 블럭 쌓기 중의 한 개라고도 할 수 있는 것이었지만, 후자는 여러 개의 직육면체를 조합한 더욱 복잡한 작품이었다. 확실히 그것을 크게 만든다면 그대로 건축물이 될 수 있었다.

결국 말레비치는 절대 영도에 힘겹게 다가선 후 뒤를 되돌아보고, 이번에는 제로로부터 출발했던 것이다. 단순

살아 이어지고 있었다. 그러나 화가들 사이에서 일어났던 근대 도법혁명이 건축계에 영향을 미치지 않은 것은 아니다. 르네상스 이후에 투시도법에 더해진 것으로, 엑소노메트릭 프로젝션(축측투상)을 많이 쓰기 시작하였다. 투시도는 소점이 있는 표현이지만, 이른바 '엑소노메트릭 드로잉'은 XYZ축 방향의 직교좌표계를 그대로 사용하여 육면체인 건축물을 XYZ 방향의 평행선들만으로 표현한다.

투시도법은 한 사람이 어떤 장소에 섰을 때에 바라본 경관을 묘사하기 때문에 주관적이라고 한다. 이에 대해 엑소노메트릭 드로잉은 어느 곳에 위치해 볼 것인가를 정하지 않아도 그릴 수 있기 때문에 객관적이라고 일컬어진다. 인간성 회복을 부르짖었던 르네상스 사람들에게는 투시도법이 어울렸다고 하지만, 그렇게 된다면 엑소노메트릭 드로잉 시대가 인간성을 경시하는 시대로 되어 버리는데, 그래도 과연 괜찮을까? 실제로는 인간성을 더욱 외쳤던 근대라는 시대는, 바야흐로 어느 면에서는 낡은 인간성을 없애 버린 시대이기도 하다는 점을 깨달아야 한다.

엑소노메트릭 드로잉을 교묘하게 활용한 것은 네덜란드 구성주의 그룹인 '데 스탈'이었다. 이 그룹의 리더였던 테오 판 되스부르크는, 건축가 코르 판 에스테렌과 협동해서, 어떻게 하든지 엑소노메트릭 드로잉에 꼭 맞는 '개인주택(메종 빠르티뀔리에르le maison particuilier)'을 디자인하여 1923년 파리의 데 스탈 전람회에 출품하

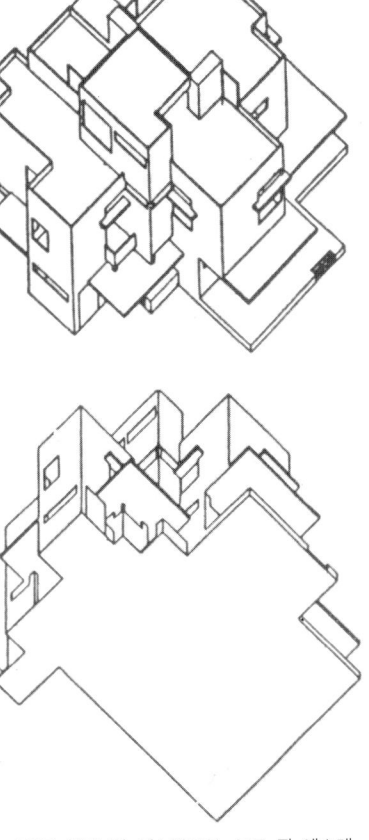

그림37. 테오 판 되스부르크, 코르 판 에스테렌 개인주택안, 1923.

였다(그림37). 이 그림은 평면도를 45도 기울이고 이에 높이를 더하여 표현한 것이었다. 한 장은 조감도 풍으로 위에서 조망한 것이고, 다른 한 장은 지면 아래에서 올려다 본 그림이었다. 이것은 결국 모형을 밑에서 올려다보는 것 같은 위치의 시점으로, 땅속에서 바라본 것이기 때문에 현실에서는 얻을 수 없는 시점이었다.

사실은 19세기 건축이론가인 오귀스트 슈와지가 건축학 이론서에 고딕교회당의 천장을 올려다보는 도면을 그리기 위해서 비슷하게 땅속 시점에서 바라본 엑소노메트릭 드로잉을 그렸으며, 그 영향을 받았다고 생각된다. 투시도는 깊이감을 나타내려고 기둥이나 공간을 소점에 가까이 갈수록 가늘게 표현하므로 건축물의 구조를 이해하기 힘든 결점이 있다. 슈와지는 그 결점을 피하기 위해 그 같은 기묘한 엑소노메트릭 드로잉을 그렸다. 판 되스부르크는 이 같은 엑소노메트릭 드로잉의 특징을 새로운 공간인식 방법으로 활용하였던 것이다.

더욱이 그는 이 엑소노메트릭 드로잉을 중요한 예술표현으로 응용하였다. 그는 '개인주택' 계획안을 또 하나의 엑소노메트릭 드로잉으로 그려, 벽과 바닥을 판상형의 육면체 조합으로 해석하고, 추상적인 형태구성으로 재표현하였다(그림38). 종래의 유럽건축은 주로 벽돌조에 돌붙임이거나 또는 옻칠 도장이었으며, 건축물은 단단한 벽이 상자모양으로 둘러싸인 형태였다. 이 엑소노메트릭 드로잉은 상자모양을 분해하여 건축물을 자립하는 벽의 모임으로 해석하였다.

　같은 데 스틸 그룹의 화가인 피에 몬드리앙은 2차원 평면 위에 여러 사각형을 조합하여 추상 회화를 그렸고, 판 되스부르크의 드로잉은 이를 3차원으로 발전시켰다. 판 되스부르크는 예술행위의 연장선상에서 이와 같은 건축상建築像을 제시하였다. 그는 제멋대로 하는 사람이었고, 누군가와 협조해야 하는 거라고 여겨지면, 그 사람을 이용하여 자신의 생각을 구체화시키고, 그런 도중에 또한 싸움으로 헤어지는 버릇이 있었다고 한다. 여기에도 판 에스테렌과의 협력을 묘하게 연출하고, 획기적인 표현을 달성하였다.

그림38. 개인주택 이미지 드로잉

　데 스틸은 말레비치의 절대 영도로의 지향보다는 복수의 형태구성을 중시하여, 이른바 구성적인compositional 형태처리를 개척하는데 공헌하였다. 실은 여기에서 20세기 조형세계의 출발점으로서 큐브는 스스로 붕괴되기 시작한다. 그러나 단순히 윤곽이 붕괴된 것이 아니고, 말레비치의 구심적 사고에 대응되는 원심적인 사고를 향하여 전환되는 것을 의미하며, 보다 복잡하고 다양한 요구에 대응할 수 있는 조형의 도구가 마련되었다. 원색으로 칠해진 사각형 면과 선적인 부재가 무중력공간에서 교착하는 것 같은, 리트벨트가 디자인한 '슈뢰더 주택'(1924년)이 그 성과물로서 뉴트레히트에 남게 되었다. 상징적이고 기념적인 단일체를 대신하여 복합형태가 앞으로 테마가 되었다.

　현실적으로 철골 콘크리트 자립 벽이 가능해진 시대이고, 이 형태는 곧바로 새로운 건축형태로 받아들여졌다. 건축가 미스는 비슷한 시기에 콘크리트조 전원주택안(1923년)과 벽돌조 전원주택안(1924년)을 연달아 발표했는데, 그것은 곧 자립하는 판상의 벽돌조나 콘크리트조 벽을 조합한 것이었다(그림39). 어느 안이나 시대를 앞서 나간 듯한 이상적 계획안이어서 실현되지 못하였다. 그러나 그 개념은 1929년 바르셀로나 만국박람회 독일관, 이른바 '바르셀로나 파빌리온'으로 구체화되어 건축역사상 획기적인 작품으로 평가되기에 이르렀다.

　엑소노메트릭 드로잉은 근대예술 개척에 큰 공헌을 한 예술교육기관인 '바우하우스'에서도 같은 시기에 몰두되고 있었다. 1919년 바이마르에서 태어난 이 학교는 당시 유럽을 대표하는 전위 예술가들이 교사였으며, 예전에 괴테와 쉴러라는 문예가가 활약했던 바이마르는 모더니즘 예술의 메카가 되었다. 판 되스부르크는 공식적으로 초대

그림39. 미스 반 데 로에, '벽돌조 전원주택안, 1924.

받지 못했지만, 일부러 바이마르로 가서 개인적으로 예술을 교육하였으며, 바우하우스 학생들의 마음을 끌어 잡은 것처럼 바우하우스에 이론적인 영향을 미쳤다. 당시의 교장인 발터 그로피우스는 처음에는 판 되스부르크를 환영하였지만, 앞서 말한 바와 같이 제멋대로 하는 판 되스부르크의 성격이 바우하우스의 교육방침에까지 영향을 주게 되자, 그와의 협조관계를 끊었다. 그러나 그로피우스는 데 스틸의 획기적인 형태관形態觀을 교묘하게 흡수하였다.

바이마르에서는 예전에 앙리 반 데 벨데가 설계하였던 아르누보 스타일의 건물을 바우하우스 학교 건물로 사용하고 있었는데, 그로피우스는 스스로 그 중 한 교실을 교장실로 개조해서, 획기적인 디자인 방법을 제시한다. 그 즈음에 그래픽 디자인으로 알려진 헬버트 바이어가 이 교장실을 아이소메트릭 프로젝션 수법(등측투상도법)으로 그렸고, 이 도면이 잘 알려지게 되었다(그림 40). 이 도면은 속칭 '아이소메트릭 드로잉'으로 알려졌으며, 좌우 변의 경사가 30도로 같고 남은 120도가 입체의 맨 앞 모서리 각도가 된다. 아이소메트릭 드로잉은 넓은 의미로 엑소노메트릭 드로잉(축측투상도)의 개념에 포함되지만, 일반적으로 엑소노메트릭 드로잉에서 육면체의 모서리 각도는 90도이다. 바이어 드로잉의 경우 맨 앞 모서리는 120도이며 평면도가 왜곡된다.

또한 바우하우스를 데사우 시로 이전하여, 새로이 그로

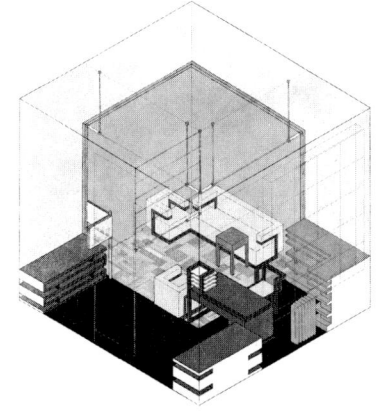

그림40. 헬버트 바이어, 바우하우스 교장실의 드로잉

그림41. 발터 그로피우스, 아돌프 마이어 바우하우스 교사용 주택의 엑소노메트릭 드로잉 (알프레드 아룬트 그림)

피우스와 아돌프 마이어가 설계했을 때에는, 교수용 주택을 지하에서 올려다 본 엑소노메트릭 드로잉으로 그려서, 되스부르크와의 관계를 실제로 엿볼 수 있다(그림41). 바우하우스에서는 19세기의 건축가들처럼 사실성을 농밀하게 나타내는 투시도 표현을 하지 않아, 도법 혁명은 명확한 의도에서 실행되었다.

엑소노메트릭 드로잉은 지금도 자동차 차축의 조립도 같은 것에 활용되고 있듯이, 시각적으로 돋보이게 하는 것이 아니고, 부품의 정확한 관계를 아는데 도움되는 도법이다. 다시 말하자면 건축물은 공간의 조립이라는 점으로 디자인 초점이 옮겨졌다고 말할 수 있고, 19세기까지와 같은 외관, 특히 파사드의 돋보임과 그 디테일 등을 중시하는 발상은 모습을 감추게 되었다. 물론 거기에는 파사드를 이상하게 중시하고, 자금을 많이 들이지 않는, 내부 공간의 실용성을 중시하는 기능주의 사고방식도 관여되었으며, 도법만의 문제가 아니라 다양한 요인들이 얽혀 있음은 확실하다. 그러나 도법혁명이라는 점은 결코 간과할 수 없을 만큼 큰 비율을 차지하고 있다고 할 수 있다. 르네상스시대에 투시도법이 등장했던 것과 같은 정도의 큰 변화가 20세기 초에 일어난 것이다.

여기에는 사람이 보는 위치, 즉 관찰자의 시점이라는 발상이 근본적으로 없어지게 되어, 대상에 대해 인간은 아무런 관계가 없게 되었다. 르네상스 시대는 인간부흥이라고는 해도 이른바 한사람의 천재를 교육하는 일이 중시되었으며, 또한 바로크시대에는 '짐이 곧 국가다'라는 부르봉 왕조의 국왕이라는 한 사람의 인물을 위해 공간에 질서를 부여한 것처럼, 르네상스적인 의미에서 인간성은 재능 있는 특정개인을 위한 개념이었다. 그런데 시민사회에서 더욱 대중사회로 이행해온 근대사회는, 특정개인이 아니라 불특정다수의 시대였다. 엑소노메트릭 드로잉은 실은 그러한 근대를 상징적으로 표현하는 도법이며, 바야흐로 20세기 건축양식의 한 가닥을 짊어지는 존재였다.

기계모델

20세기 초를 특징짓는 새로운 발상법으로서, 기계 특히 자동기계를 들지 않으면 안 된다. 미래파 예술가들이 기관총이나 탱크까지도 포함하여 기계숭배로 달려나갔음을 앞서 서술하였지만, 20세기의 상징이 되는 기계의 특징은 자동성自動性이다. 미래파는 수평이동장치로 철도교통과 자동차교통을, 수직이동장치로 엘리베이터를 전제로 한 도시를 구상했지만, 그 계획안에는 이상한 모양의 고압철탑이 나타나며, 거기에서 전자기가 새로운 시대를 만드는 것으로 제시되었다.

18세기에서 19세기에 걸쳐 신고전주의 건축의 새로운 일면은, 기둥과 보를 만드는 정연한 정역학적 질서를 상징적으로 보여주는 데 있었다. 신고전주의는 그리스의 신전건축이 모델이었다. 건축가에게는 고대 그리스의 장식도 중요하였지만, 그 보다 더 신전건축에 견고히 서있는 원주나 명쾌한 수평 보가 중요하였다. 그것은 정역학 statics의 메타포였다.

20세기가 되자 '동역학Dynamics'의 메타포가 건축디자인에 등장하였다. 특히 이 단어에 자극된 사람은 독일 표현주의 건축가인 에리히 멘델존이었다. 그는 '피의 동역학'이라는 말을 사용하였고, 과학에 문화성을 가미한 것 같은 새로운 건축의 모습을 추구하였다.

같은 유태계 독일인으로서 아인슈타인과도 친했던 멘델존은 '아인슈타인 타워'(1924년)의 설계자로서 알려졌지만, 포츠담 근교의 언덕 위에 세운 천체관측소는 아인슈타인의 상대성 이론을 천체관측으로 증명하려한 의도가 있었다(그림42). 여러 층으로 이루어져 다층건물로도 보이는 이 탑 구조물은 실제로는 굴뚝모양이고, 꼭대기 부분의 돔에 설치된 망원경을 통과한 빛이 거울에 몇 번인가 반사되어, 건물 뒷부분에 수평으로 이어지는 실험실로 끌어들여지게 되어 있다. 마치 점토를 반죽하고 창을 조각 주걱으로 후벼 판 것 같은 기묘한 조형은, 물론 천체관측소로서의 필요성을 초월하는, 바로 표현주의적인 디자인이었다. 멘델존은 이와 같이 형태

그림42. 에리히 멘델존, 아인슈타인 타워, 포츠담, 1924.

에 내재하는 움직임에 착안하였고, '피의 동역학'이라는 말을 디자인의 근원으로 하였다.

다른 한편 스투트가르트나 켐니츠의 '쇼켄 백화점'이나, 베를린 중심가 쿠담에 건설한 '우니페르숨Universum' 영화관 복합건축 등에서, 그는 도시건축 스타일로서 유선형을 제시하였고, 흐르는 것 같은 윤곽선과 수평 연속창으로 한 세대를 풍미하였다(그림43). 지상 전차나 자동차가 오고 가는, 속도감이 나타나는 도시 경관에 어울리는 건축스타일로서 유선형을 선택하였다. 물론 건축이 움직이는 것은 아니고 또한 자동차 같은 교통기계에 필요한 유선형이 건축물에서도 필요하다는 의미가 아니며, 어디까지나 교통기계의 메타포로서 건축표현이었다.

르 꼬르뷔제는 '주택은 살기 위한 기계다'라는 유명한 문구를 남겼고, 20세기 건축 모습에 큰 영향을 주었다. 그러나 이 유명한 문구가 너무나도 유명하기 때문에 오해

그림43. 에리히 멘델존, 우니페르숨, 베를린, 1928.

도 많다. 그 오해는 종종 르 꼬르뷔제의 말을 확대 해석하고 르 꼬르뷔제가 생각했던 기계 이미지를 넘어서 기계 전반으로 확대해버리면서 만들어진 것 같다. 무엇보다도 먼저 20세기 전반의 전체 모습을 이해하는 데는, 차라리 확대 해석된 쪽이 적절하며 지나치게 엄밀히 르 꼬르뷔제의 생각에만 얽매이는 것이 좋은 수가 아닐 수도 있다.

르 꼬르뷔제의 주택 모티브는 호화여객선이었고, 기계라는 것은 우선은 하늘에 띄운 거주장치로서의 배였다. 그는 '근대건축의 다섯 가지 요점'(다른 말로 근대건축의 5원칙)이라는, 이것 또한 영향력 있는 유명한 문구를 발표하였다. 일층의 필로티와 옥상정원이란 제안이었지만, 그것은 여객선을 땅위로 가져가 기둥으로 받쳐 올린 것 같은, 르 꼬르뷔제 설계의 주택이미지와 관련된다. 멘델존처럼 유선형의 메타포란 종류의 표현경향을 그가 선호한 것은 아니었지만, 프랑스 자동차 시트로엥을 풍자했던 '시트로엥 하우스'와 같은 말도 사용하였다. 또한 주택에 보이드를 채택하고 철제 나선계단을 삽입하는 등, 스타일은 여객선의 인테리어를 생각나게 한다.

'주택은 살기 위한 기계이다'라는 말이 오히려 확대 해석될 만한 것은, 특히 값싼 비용의 집합주택이 등장하고, 주호 내부가 기능적으로 정리되고 그 중에서도 가사노동의 현장인 부엌이 입체적으로 재구성되어 두드러지게 합리화된 점을 고려할 필요가 있기 때문이다. 그 즈음에는 르 꼬르뷔제의 낭만적이고 시적인 말과는 관계 없이, 실용성과 구성주의적으로 체계적인 입체디자인의 발상이 나타났다.

앞서 서술한 것처럼 러시아나 네덜란드의 구성주의는, 파사드를 중시했던 19세기적인 건축미의 감각을 확 바꾸어, 입체의 조립으로도 예술성이 있음을 가르쳤다. 이 구성주의 미학은 19세기말부터 빈의 오토 바그너가 주장하기 시작했던 필요성, 기능성과 같은 건축의 합리화라는 요인에서가 아니라, 예술운동으로서 탄생하였다. 그것은 머지않아 그로피우스의 데사우 바우하우스 교사, 미스의 바르셀로나 파빌리온이라는 건축물로 됨에 따라, 현실의 생활공간으로서 활동적인 실체가 된다. 구성주의의 조형은 여기에서부터 기능주의 건축을 향해 매끄럽게 이동하였다.

이처럼 다양한 건축가가 저마다의 이미지로서 기계를 새로운 건축 형상의 모델로서 구상하였다. 사람이 거주하는 건축이 기계처럼 되는 것은, 아직도 벽돌조 건축에 사는 사람이 많았던 유럽에서는 시기상조였지만, 각각의 기계모델이 건축가 각각의 디자인에 영향을 준 것이다. 그 결과는 기능주의라는 커다란 조류에 하나로 합쳐지게 된다. 주택설계에 기능주의가 가져다 준 것은 주택이 기능을 제대로 다 하는 것, 즉 기대하는 작용을 합리적으로 처리하는 것이고, 주택이 고도의 기계 그 자체는 아니라 하더라도 단순한 기계 정도라고 말해도 좋을 것으로 변모하였다.

앞에서 서술했듯이 큐브는 구성주의에 의해 면으로 분해되어 구성적인 조형이라는 차원으로 옮겨졌으며, 이에 기계 모델이 그와 같이 더해져 한층 더 움직임이 있는 공간조형으로 이행되었다. 주택 그 자신은 움직이지 않고, 움직이는 것은 사람이며, 사람과 건축공간이 합리적으로 서로 연동하며, 나아가서는 사람에게 쓸모 있는 장치로 되어갔다. 동선의 합리화라는 테마가 특히 부엌에 투입된 것은 상징적이다.

1927년 제네바에 '국제연맹회관'을 세우려고 국제 설계경기가 개최되었고, 르 꼬르뷔제의 모더니즘 계열 디자인이 신고전주의 계열의 유력한 계획안과 거세게 경쟁하였다고 알려져 있다. 이 때 사실은 기능주의자 중에서도 급진적이었던 한네스 마이어의 더욱 대담한 합리주의적인 계획안이 있었다. 이 안에는 높이 백 미터 정도로 두 개의 판상형 고층동이 솟아있고, 아래에는 사발을 엎어놓은 듯한 대회의장이 가로놓여 있어, 고전주의적인 감각에서라면 도무지 아름답다고는 말할 수 없는 모양이 제시되었다. 그러나 그 형태군을 전개하는 데에는 고층동 옥상의 안테나도 포함하여 확실히 러시아 구성주의에 근원을 두고 있으며, 투시도 대신에 30도-60도 기울기의 엑소노메트릭 드로잉이 제시되었다(그림44).

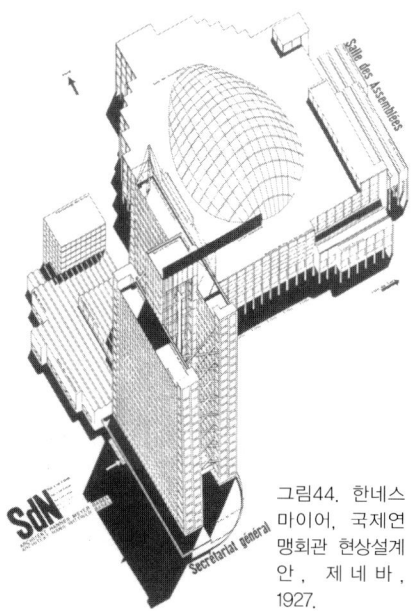

그림44. 한네스 마이어, 국제연맹회관 현상설계안, 제네바, 1927.

사무국동은 고층동과 대회의장을 연결하며 구성하는 것 같은 저층동으로 이루어져 있지만, 확실히 외형보다도 각 실의 배치나 동선계획 따위를 기능적으로 배려한 결과인 것 같은 복잡한 형태를 보인다. 한편 대회의장은 음향상의 계산을 그대로 반영하여 타원형의 돔 모양이 되었다. 전체 모양을 아우르는 시각적인 것을 든다면 복잡하게 된 평면을 포함하는 기러기떼 나는 모양雁行形의 윤곽선 정도이다.

XYZ축의 직교 좌표계를 지키면서, 입체를 구성한 러시아와 네덜란드 구성주의의 추상 조형은 이 시기에 겨우 픽처레스크적으로 통합된 리얼한 기능주의로 변모되었다. 그렇다고는 하나 기하학의 시인인 르 꼬르뷔제의 계획안은, 건축 볼륨을 수평으로 전개시키고 이에 더하여 푸르름으로 덮인 호수변의 경관을 부드럽게 한 것이었다. 한편 마이어는 2개의 어긋나 솟아있는 고층동와 타원형의 큰 돔을 노출시켜, 마치 공장 같은 기능성을 노골적으로 주장하고 있다. 큐브는 완전히 해체되어 명쾌한 윤곽을 잃어버렸다. 이것을 좋아하든 싫어하든, 1960년대에 더욱 발달된 기계장치의 이미지가 건축 형상의 모티브가 된 것을 생각하면, 기계적인 합리성을 지향하는 20세기 리얼리티의 한 면이 여기에 제시되었다고 할 수 있다.

2. 1930년대 낭만주의

파시즘 건축의 유혹

20세기는 신고전주의 단순성 지향에서 시작되어 절대영도의 큐브로 침잠하고, 거기에서 큐브의 복합으로 전환되어, 한층 더 기계적인 복합성으로 전개되었다. 이 20년 사이에 19세기적인 것은 모두 씻어지고 20세기 건축의 기본적인 본 모습이 결정되었다. 이 시기는 새로운 골격이 창조된 시대였다.

이 시대는 이성주도의 시대, 다시 말해 이성이 앞선 시대였다. 시대를 개척한 것은 먼저 극히 소수의 전위적인 지식인들에 지나지 않았다. 그들은 대중이 올라타고 있던 기반을 뒤흔들었고, 설령 가까운 미래에 새롭고 더욱 합리적인 기반이 만들어진다 하더라도 변화를 두려워하는 소박한 대중은 이에 반발하였다. 모더니즘의 새로운 건축 모습도 대부분 그러한 혐오의 대상이 되었다. 20세기 초 이성의 혁명은 순조롭게 진행되지 않았다.

1927년 스투트가르트 시 근교 언덕인 바이센호프에서 독일공작연맹 주최로 실험주택전시회가 개최되었다. 이에 유럽 각국의 모더니즘 건축가들이 각자의 이상을 내걸고 뛰어들었고, 또한 후에 인터내셔널 스타일 International Style이란 이름으로 알려진 공통된 건축

스타일을 제시하여 근대건축사에도 대서특필할 성과를 얻었다.

그러나 많은 견학자가 모여들었던 반면에, 기와 얹은 경사지붕은 사라지고 벽면을 오로지 감정 없는 새하얀 색만으로 바른 미래주택을 과연 받아들일 수 있을까하는 의문도 던지게 되었다. 새로운 모습을 제안하는 전위적인 지식인들과 보수적인 일반시민 사이에 틈이 벌어져 바람이 새고 있었다.

주택의 윤곽은 철저하게 단순화되고 구성주의를 바탕으로 합리적인 형태처리가 전체의 기조가 되었다. 전체계획을 담당했던 미스 반 데 로에는 인위적인 것을 삭제한 가늘고 긴 상자모양의 단순한 연립주택을 전시하였다. 그로피우스는 '트롯켄 몽타쥬 바우(건식조립공법),' 다시 말해 프리패브의 선구가 된 철골조 주택을 제안하였다. 르 꼬르뷔제는 필로티, 옥상정원, 연속창이라는 독자적인 건축이론을 적용한 주택을 실현하였고, 또한 색채건축을 부르짖었던 부르노 타우트의 선명한 색 사용이나 한스 샤로운의 곡면 모티브에 개성적인 표현주의의 흔적이 남아있었긴 하지만, 전체 건축형태는 뚜렷이 단순화되고 한결같아져, 추상적인 큐브가 바탕이 되는 새로운 스타일이 탄생하였음을 확실히 선언하였다(그림45).

그런데 모더니즘의 이러한 성공 뒤에,

그림45. 바이센호프 지들룽 전시회, 스투트가르트, 1927.

실제로 바이센호프 주택전시회가 개최되었던 1927년은 역사의 한 분수령이기도 하였다. 모더니즘의 첨단을 달렸던 베를린과는 달리, 독일 남부의 스투트가르트는 전통이나 토착성을 중요하게 생각하는 보수적인 건축가들이 모인 도시였다. 그들은 바이센호프 주택전에 반발하여 대항수단을 취했으며, 그들 중에는 머지않아 나치의 건설정책을 이끄는 인물이 나타났다. 나치운동은 대중 선동이 큰 부분을 차지하였으며, 주택은 그 때문에 알기 쉬운 표적이 되었다. 요컨대 모더니즘의 상징인 하얀 큐빅 형태는 전통사회를 파괴하는 상징이 되었다.

일찍이 프랑스 대혁명이 가져다준 시민사회적인 합리성, 보편성의 문화가 18세기말 독일에도 흘러들어 갔다. 당초 시민들도 그러한 코스모폴리탄적인 모던한 문화를 환영하였지만, 곧이어 나폴레옹이 황제가 되어 유럽 지배에 나서게 되자 1810년대에는 각국에서 민족주의 운동이 일어나 마침내 나폴레옹을 추방하기에 이른다. 거기에는 프랑스에서 전래되는 국제화된 신고전주의 스타일에 대항하듯, 고딕양식이 민족상징의 기치가 된다. 그것은 합리적이며 보편적인 건축문화에 대하여, 이에 불만을 가지고 자신들의 아이덴터티이기도 한 중세이래 고유의 건축문화를 지키려고 한 낭만주의였다.

1930년대에 민족주의 문화가 비정상적으로 고양된 것은, 위와 마찬가지로 새로운 보편성 지향의 문화 때문에 전통문화가 부정되지는 않을까 하는 위기감 때문이었다.

이는 이성주도 시대에 대한 낭만주의적인 흔들림이었다고 할 수 있다. 건축스타일이란 그러한 시기에 의외로 큰 역할을 하게 되며, 예전에 고전양식과 고딕양식이 대립의 지표가 되었듯이, 지금은 인터내셔널 스타일과 전통적 스타일이 대립하고 있다.

1930년경 독일은 단숨에 보수적으로 되었고 나치정권의 탄생으로 나아갔다. 베를린의 국제주의 건축가들은 부평초처럼 떠돌이 신세가 되거나 '유태적'이라는 이유로 체포의 위험이 다가왔고 따라서 국외로 탈출해야만 했다. 그리고 모더니즘의 힘이 압살되기 시작하자 한편에서는 보수적 건축가 그룹이 무대 위로 등장한다.

그 와중에 보수주의자인 젊은 건축가 알버트 슈페어에게 갑자기 무대가 제공되었다. 신성 로마제국의 위엄과 영광을 제3제국이라는 이름으로 재현하려 한 아돌프 히틀러는 슈페어의 건축감각을 좋아하여, 신고전주의를 기조로 나치건축 스타일을 만들어 내려 하였다. 모더니즘의 테마였던 합리성, 기능성은 그 근본에서부터 부정되고, 고대 로마건축이나 제단을 생각나게 하는 건축스타일이 부활되었다. 테마는 영원한 건축이었고 석조의 단순한 구조를 선호하였으며, 모더니즘의 미래적이며 경쾌한 이미지를 의도적으로 배제하였다.

슈페어가 설계한 누렘베르크의 나치전당대회 회장(1934년), 베르너 마르히Werner March가 설계한 베를린 올림픽경기장(1936년)들은 확실하게 석조건축으로 만들어졌고, 그로피우스가 철골 경량구조를 시도한 것들과는 정반대 방향으로 향하여, 견고함과 중량감을 선호하는 자세가 나타났다. 20세기의 큰 흐름이 되기 시작한 모더니즘에 대해, 의도적으로 안티테제를 내건 것임을 의미했다. 영원한 건축이라는 불가능을 꿈꾼 히틀러에겐 급진적인 낭만주의의 피가 흐르고 있었다.

다만 그것은 단순한 복고주의는 아니었고 독특한 근대성을 내포하고 있었다. 폭스바겐을 만들어 내고 라디오라는 새로운 미디어를 대중선전에 활용했으며, 또한 전격전으로 유럽을 유린했고, 런던에 로켓 폭탄을 날리기까지 했던 나치는, 한편으론 훌륭하기까지 한 합리주의였다. 누렘베르크 전당대회 회장의 서치라이트를 사용한 '빛의 대성당'은, 근대기술을 스펙터클한 공간연출에 응용시킨 훌륭한 디자인 테크닉이었다(그림46). 그 근대기술 위에 선 예술적 감성은, 레니 리펜슈탈 감독의 베를린 올림픽 기록영화에서 볼 수 있는, 크레인을 이용한 훌륭한 카메라 워크, 도취적인 육체의 표현이라는 환상감각에서도 나타나 있다. 근대 합리주의를 비판하는 자세에서 탄생한 급진적 낭만주의는 고유한 예술성을 낳으면서, 한편으로 대중을 선동하는 히스테릭한 정치와 서로 섞였다.

같은 무렵, 이탈리아에서는 주제페

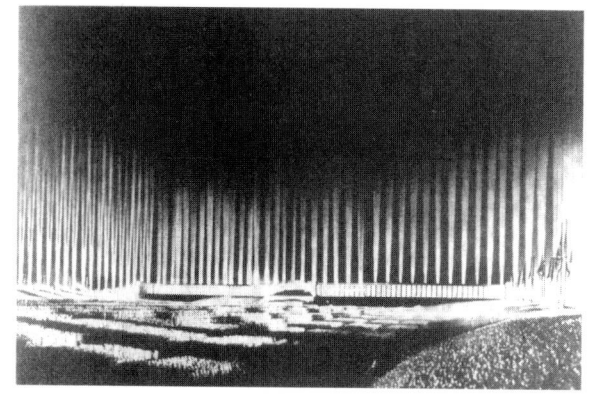

그림46. 알버트 슈페어, 누렘베르크 전당대회장의 '빛의 대성당' 연출.

테라니, 아달베르토 리베라 같은 '이탈리아 합리주의 건축운동MIAR'이 유행하는 건축스타일을 만들어 냈다. 여기서도 건축스타일은 합리성이 핵심 어휘이었지만, 기능적 합리성보다는 시각적인 합리성, 다시 말해 기하학적으로 정연한, 처음과 끝이 한결같은 것인지 어떤지에 중점을 두었다. 이 합리주의 건축가들로부터 이탈리아 파시스트당의 건축스타일이 탄생한 것도, 그 형식적인 완전주의 경향을 가진 질서지향 때문이었다.

거기에는 기하학적인 형식이 색다른 힘의 표현으로 활용되었다. 차갑고 거대한 벽, 높이 솟은 각주, 건축 요소의 정연한 연속이라는 파시즘 건축의 특징은, 단순 명쾌한 형태가 스케일마저 커져 위압적으로 보인다는 성격에서 도출되었다(그림47). 여기에는 모더니즘의 큐빅한 형태가 멋지게 살아 숨쉬고 있었지만, 그것은 비일상적인 기념비성, 형식의 탐미주의를 위해 사용되었으며, 일상생활을 위한 기능적 합리성과는 아주 동떨어진 것이었다.

그림47. 아달베르토 리베라, 회의장 계획안, 1937-42.

나치즘 또는 이탈리아 파시즘의 기념비적인 건축 스타일은, 초월적인 스케일을 가진 형식미라는 점에서 공통된다. 독일은 고전으로 회귀된 규범을 구하였고, 이탈리아에서는 르네상스 건축의 진수이기도 한 비례미를 추구하였다. 모두 모더니즘의 급속한 흐름에 어떻게 저항할 것인가라는 동기부여가 공통된다.

슈페어가 특히 그로피우스를 싫어하면서도 미스에게는 친근감이 있었던 것은, 미스가 최종적으로는 기능주의가 아닌 구조질서를 나타내는 형식미에 깊이 빠져있는 자세에 슈페어가 공감했음을 나타낸다. 과학적 합리성은 인간적인 비합리주의를 버려왔지만, 1930년대의 문제는 이런 비합리적인 부분의 히스테릭한 자기방위라는 성격이었다. 철저한 합리주의는 반대로 급진적인 반대세력을 키웠다는 19세기 초기의 낭만주의와도 매우 비슷한 구도가 여기서도 인식된다.

유기주의 건축의 출발점

나치즘이 보여준 1930년대의 급진적인 낭만주의는 사회의 혼란과 파괴를 초래하고 역사상의 오점으로 남았지만, 낭만주의적인 동요라는 점만을 받아들인다면 역사의 필연이라는 일면도 있다. 바꿔 말하면, 모더니즘이 만약 어떠한 비판도 수용하지 않고 독주했다면 새로운 권위로 남아 건전한 밸런스를 잃었을 것이기 때문이다.

미래로 향하는 이성과 이에 반발하여 토탈한 인간성을 지키려 했던 두 힘이 균형을 유지하려한 것이 1930년대의 테마였다. 이에, 이른바 유럽의 변방이었던 북유럽에서 새로운 움직임이 나타났다. 핀란드의 알바 알토, 스웨

덴의 군나 아스플룬드가 뒤를 이었던 것은 그와 같은 모더니즘의 제2단계라고도 할 수 있는 과제였다. 특히 알토는 그 후, 수 십 년에 걸쳐 세계 건축계에서 타의 추종을 불허하는 독특한 건축이미지를 제공해 나갔고, 20세기의 풍부한 건축문화를 대표하는 한사람이 되었다는 것을 생각해보면, 낭만주의 역할이 위대함을 알 수 있다.

이와 관련해 일본에서도 다이쇼大正(1912-26)시대에 모더니즘이 영향을 주기 시작해서 쇼와昭和(1926-1988) 초기에 걸쳐 모더니즘과 전통과의 조정이 큰 테마가 되었지만, 이것도 마찬가지로 세계적인 낭만주의 현상으로 볼 수 있다. 누차 '일본적인 것', '일본풍和風'이라는 문제를 부르짖어 왔지만, 그것은 국내에서는 일본고유의 문제이며, 모더니즘이 20세기의 큰 흐름이 되어 각지에 보급된 것과 동시에, 세계 속에서 일어나는 토착성, 풍토성과의 조화라는 테마는, 이미 국제낭만주의 운동으로 통합해 이해하는 편이 좋다.

합리주의의 보편성에 대해 개별성을 대치시키는 것은, 근대화의 프로그램 자체에 구성된 부수적인 반응과정이라고 보아야 한다. 적어도 일본의 모더니즘 건축가들이 몰두했던 일본풍에 대한 문제는 알토가 몰두했던 풍토성의 문제와 같은 지평에 있다. 다만 그것을 국내적인 문제만으로 할 것인가, 아니면 보편적인 스타일로까지 승화시킬 것인가라는 문제를 제기하는 방법에서 차이가 난다고 할 수 있다.

그림48. 알바 알토, 사나토리움, 파이미오, 1929.

그런데 알토가 무엇을 이루었을까 말한다면, 우선은 큐브의 관념이 교묘하게된 인터내셔널 스타일에 흡수되었고, 그런 다음으로 이 스타일의 환경과 융합한 것이다. 파이미오의 사나토리움(1924년)에서, 알토는 이미 유럽의 전위건축가들이 개척했던 철골콘크리트조의 합리적인 건축스타일을 자기 것으로 만들었다. 그런데 시설 전체

평면은 놀라울 만큼 통합되지 않고, 전위건축가들이 전체를 직교3차원 좌표계로 일관되게 적용하는 방법을 굳이 거부하고 있다(그림48). 각 동마다 각각 요구에 따라 구조형식이 선택되고, 특히 일광욕 요양을 하는 동은 한 줄의 기둥과 칠 층 정도의 캔틸레버 바닥판으로 구성되어, 마치 곧게 자란 줄기에서 가지가 길게 뻗어난 것 같은 구조물이었기 때문에, 유기적인 구조로서 주목받았다.

거기에는 이미 19세기 건축의 영향은 없으며, 마치 알토가 19세기적인 것을 알지 못하는 세대의 인물인 듯 했다. 무엇보다도 우선 파이미오 직전까지, 알토는 아직 고전주의 계열의 디자인수법을 사용하였고, 1924년 노동자 클럽(유바스큘라)에서는 선큰 오더인 도리아식 원주까지 사용하였다. 그러나 그것은 베렌스의 20세기초 신고전주의에 상당하는 것이며 19세기 신고전주의 수법은 아니었다. 이 점은 아스플룬드가 스톡홀롬 도서관(1920-28년)에서 제시한 간략화한 고전주의 스타일과도 같으며, 북유럽은 급격하게 스타일이 변천했던 독일과 비교하면 10년 정도 시간이 지연되고 있다.

파이미오에서 주목받는 것은 각 동을 연결하는 동선을 최소로 하기 위해, 마치 나뭇가지가 갈라져 뻗어나는 것처럼, 꺾이고 구부러진 각 동의 배치이다(그림49). 구성주의 계열의 합리주의는 직교하

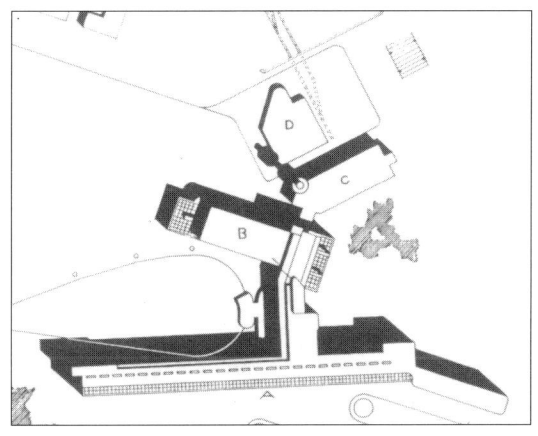

그림49. 사나토리움 평면도

는 XYZ좌표를 골격으로 하였기 때문에, 이러한 90도 이외로 절곡되는 것은 표현하지 않았지만, 기능적인 합리성이라는 의미에서는 알토의 방법이 정당하였다. 즉 알토의 건축 복합체에서 보여진 언뜻 보기에 자유로운 배치는 기능주의를 더욱 자연스럽게 표현한 것이었다.

한네스 마이어는 국제연맹회관 설계경기안에서 타워형 건물과 수평으로 펼쳐진 사무국동 그리고 크게 부풀어 오른 대회의실동을 조합하여 급진적인 기능주의를 제시하였지만, 그것과 같은 구성수법을 알토는 직교3차원 좌표계를 벗어나, 토폴로지컬한 시스템으로 이행시켰다. 양자 모두 실제 19세기에 적극적으로 사용된 픽처레스크적인 구성수법, 요컨데 탑이나 매스, 수평요소 등을 조합하여, 꽃꽂이 수법으로 말하자면 진행초眞行草의 발상[역주2] 과 같은 구성수법이 배경이었다. 그와 같은 변화나 움직임을 즐기는 경관디자인의 발상이 기능 합리성과 융합되고 있다. 알토의 경우, 기능주의가 더욱 누그러진 자연스러운 기능주의로 나아갔으며, 그것은 나중에 유기주의라는 이름을 얻게 된다.

이런 유기주의를 이해할 수 있는 형태 모티브 하나가 있다. 그것은 파이미오의 현관에서 볼 수 있는 말굽 형태이다. 이것은 안쪽 깊숙이 있는 현관에 자동차로 접근하여 캐노피에 갖다 댈 수 있게 한, 극히 소박한 기능합리성을 나타내는데 지나지 않는다. 그러나 이 유유히 흐르는 말굽 형태는 베를린 모더니즘 건축가 그룹의 한사람이었

역주2) 꽃꽂이에서 '眞' 은 엄숙하며 단정함에, '草' 는 형태에 구애되지 않고 자유스러움에, '行' 은 그 중간의 표현법으로 쓰이는 것을 일컫는다.

지만, 르 꼬르뷔제가 제안한 '3백만 명을 위한 현대도시' 계획안의 기하학 시스템을 비판하고, 직교 3차원 좌표계에 의문을 던졌던, 휴고 헤링의 가르카우 농장(1922-26년)에서도 볼 수 있다. 그것은 마구간으로, 사육하는 주인이 소에게 먹이를 주러 돌아다니는데 단순히 곧장 왕복하는 것이 아니라 말굽 모양을 이루는 결과에 따른 것이었다(그림50). 덧붙여 말

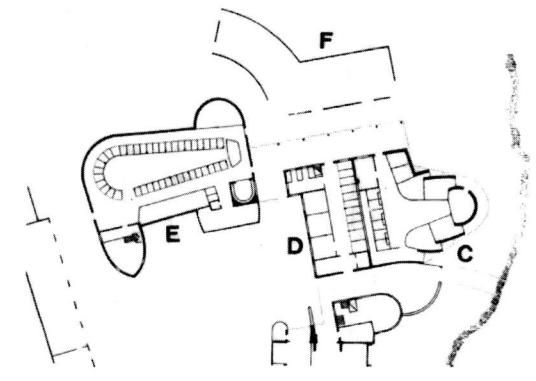

그림50. 휴고 헤링, 가르카우 농장, 뤼벡 근교, 1922-26.

하면 이 마구간의 이층은 콘크리트 바닥이 사발 모양으로 약간 기울어져 있는데 이는 건초를 아래의 먹이통에 쉽게 떨어뜨리기 위해서이다. 이렇게 구부러진 마굿간은 건축물이라기보다는 이른바 사육기계라고 부르는 것이 바람직하고, 미래파나 르 꼬르뷔제의 기계이미지와는 다른, 유기주의적인 기계였다. 이론가로도 알려진 헤링은 곧 '유기적organic'인 건축을 말로도 주장하였다.

말굽형은 부르노 타우트가 만든 브리츠 지들룽(베를린)의 대규모 집합주택에도 사용되어져 유명하지만, 표현주의자 타우트에게 그것은 기계적인 형태도 아니며 상징적인 형태 그 이상도 아니었다. 알토의 말굽형은 헤링의 유기주의에 가깝다. 알토가 복합건축인 가르카우 농장의 평면을 보았는지는 알 수 없지만, 거기에도 첨두아치 형태의 평면이 있었고 또한 각 동의 형태는 각각 다르며, 배치도 언뜻 보기에 랜덤하다. 파이미오의 배치도는 이

그림51. 알바 알토, 뉴욕박람회 핀란드관, 1939.

넘적으로는 확실히 가르카우 농장이 선례가 된다.

 얼마 되지 않아 '비프리 시립도서관'(1935년)의 구불구불한 천장, '뉴욕 만국박람회 핀란드관'(1939년)의 흐르는 듯한 경사벽면처럼, 1930년대에 알토곡선이라고 부르는 독특한 유기적인 곡선이 등장한다(그림51). 그것은 알토 일생의 테마로서, 여러 건축물의 벽면이나 천장 면 따위에 나타난다. 그것은 이미 기능주의가 이성적으로 사색한 흔적은 보이지 않고 합리성을 초월한 직관 밖에 없는 듯 하다. 말발굽형에서 알토곡선으로 이행은 합리주의에서 비합리주의로 도약하였다고도 생각할 수 있다. 그러나 알토 곡선은 아인슈타인 타워나 제2 괴테아눔과 같은 표현주의 건축의 직관성과는 다르고, 기능적인 합리성에서 유기주의로 이행한 결과임에 틀림 없다.

 1930년대 낭만주의의 최대 성과는 알바 알토였다. 그것은 확실히 1920년대 구성주의에서 기능주의로 향하는 발전을 계승하고 동시에 근대합리주의에 대한 비판적인 시선을 담고 있다. 직교 3차원 좌표의 형식은 사라지고, 또한 급진적인 기능주의의 기계적인 쌀쌀함도 사라졌지만, 거기에 나치즘건축이나 파시즘건축의 히스테릭한 모더니즘 거절반응 증후군은 없었다. 유럽의 중심에서 근대와 반근대가 충돌하여 전쟁에 빠진 것을 보면서 유럽의 변두리였던 북유럽의 산림 속에서 근대합리주의는 안주하고 있었다.

미래파나 구성주의에서도 알 수 있듯이, 근대 이성은 기성 가치관에 대한 혁명과 밀접하게 결부되어 있다. 1920년대의 합리주의는 19세기적인 것을 불식하고, 새로운 가치체계를 쌓아 올리는 것을 목표로 하였다. 이성은 단순 명쾌해야만 하고, 혁명의 기치는 하나의 말로 집약되어야만 했다. 모호하고 복잡한 이미지로는 많은 사람을 끌어당기거나 한 방향으로 인도할 수는 없었다. 이를 위해 근대 이성은 일원적인 가치관을 형성하는 방향으로 나아갔다. 르 꼬르뷔제의 그 하얀 큐브는 이런 일원성을 시각적으로 상징화한 것이라고 해도 좋다. 알토 곡선은 바야흐로 하얀 큐브를 부정하는 가치관의 시각적인 상징으로서 등장하였다.

알토 곡선은 합리성을 넘어선 포름form이었고, 거기에는 언뜻 여유라고 밖에는 볼 수 없을 듯한 자유와 무한의 전개가 있다. 그리고 이미 19세기 초기의 신고전주의가 형식성을 대표하고 낭만주의가 자유를 대표하여 서로 대치하였던 것처럼, 근대 합리주의의 형식 지향과 유기주의의 자유를 향한 기울임이라는 대비의 구도가 여기에 나타나게 된다. 낭만주의가 근대라는 사상구조 속에서 상대적인 존재로서 보잘 것 없는 것은, 다른 한편에 형식을 확보한 합리주의가 있을 때만, 거리낌없는 자유를 만끽할 수 있는 처지에 서있기 때문이다. 형식을 망각한 자유는 단순한 혼란에 지나지 않으며, 하물며 기능하는 건축물은 될 수 없다.

3. 공간구조론

문화인류학의 발상

1930년대의 모더니즘과 파시즘의 대립, 즉 20세기의 이성파와 급진적인 낭만주의의 대립 구도는 제2차 대전의 혼란시기로 빠져들게 된다. 그리고 유럽은 약체화되고, 미국식 합리주의가 세계 무대 위로 등장하여 전후를 맞이하게 된다. 전쟁으로 파괴된 도시의 전후부흥에는 모더니즘 이론이 적용되었다. 특히 CIAM(근대건축국제회의) 제4회 대회(1933년)에서 르 꼬르뷔제를 중심으로 작성한 '아테네 헌장'의 기능주의적 도시계획 이론이 그 기조가 되었다.[3]

그것은 일본도 마찬가지여서, 도심부는 자동차 교통에 적합하도록 폭 넓은 간선도로망으로 정리되고, 크고 작은 공원이 배치되었다. 한편 교외에는 1920년대의 지들룽을 모방한 주택단지가 건설되어, 자연의 혜택을 받는 건강한 주거환경이 생겨났다. 르 꼬르뷔제가 주장했던 '태양, 공기, 녹지'가 표어로 되었고, 세계 공통의 건축스타일과 도시 형태가 확립되었다.

한편 민족주의는 과거의 유물이 되어 지나치게 민족적 아이덴터티를 주장하는 것은 위험하게 되었다. 국제주의는 특히 사회주의권에서 강력하게 추진되었으며, 민족,

[3] 『アテネ憲章』ル コルビュジエ著, 吉阪隆正 譯, 鹿島出版會, 1976

종교를 초월하는 사회질서가 형성되었다. 그러나 이 새로운 사회질서는 억지로 억누른 형태로 남아 있어, 나중에 소련연방의 붕괴와 함께 그 반동으로서 옛 종교가 부활되고, 격렬한 민족간 투쟁을 불러일으켰다.

여하튼, 이러한 기능합리주의의 승리와 민족적 낭만주의의 패배라는 구도는, 1930년대의 문제 해결이었지만, 시대의 흐름은 빨랐고 이원론은 급속히 자취를 감추었다. 기능주의 이론은 단순히 지나가는 것으로 생각되었고 더욱 교묘한 논리를 구하게 되었다. 한편 민족성과 역사를 근본으로 한 국민국가라는 19세기형 세계시스템에서, 보다 실정에 가까운 사회집단의 존재방식에 관심을 가지기 시작했고, 문화인류학이 보급되기 시작하였다. 도시와 건축의 이상적인 모습은, 어느새 단순히 과학적 합리성에 따르는 것도 아니며, 또한 세계의 지배구조와 행정시스템과도 다른 것에서 찾게되었다.

여기서 '구조Structure'라는 말이 건축가, 도시계획가 사이에서 중요시되었다. 그것은 구조역학이라는 의미에서의 물리적 구조가 아닌, 사회구조 또는 문화구조라는 소프트한 구조이다. 프랑스에서는 문화인류학자 레비 스트로스가 미개민족를 연구하면서, 원시적인 사회구조의 존재를 단지 뒤 처진 사회구조가 아닌, 인류에 보편적으로 갖춰진 사회형식의 지혜라고 보았다.[4] 그것은 '구조주의structuralism'라고 하는 학파를 형성하고 폭 넓은 분야에 영향을 끼쳤다. 미개 사회의 논리는 선진국의 대도

4) 『構造人類學』クロード レヴィ=ストロース 著, 荒川幾男他譯, みすず書房, 1972

시 분석에까지 응용되었으며, 건축가, 도시계획가들은 이를 새로운 이론으로 수용하였다.

1964년에 평론가 버나드 루도프스키는 『건축가 없는 건축』5)이라는 베스트 셀러를 기록한 책을 썼는데, 이 책에서 미개사회의 집단 취락을 보여주었으며, 근대의 어떠한 건축디자인에도 없는, 또한 그것을 웃도는 디자인을 이름 없는 사람들이 실현하고 있음을 지적하였다(그림 52). 루도프스키 자신은 구조주의의 문화인류학과 직접 관계는 없지만, 착안점은 같았다.

그림52. 알베로베로의 터어키

1930년대의 합리주의와 비합리주의의 이원적인 대립은, 민족에 대신하여 소부족이 주목받고, 또한 세계 보편적 논리를 대신해서 소집단에만 통용되는 논리가 주목받는 것을 통해, 교묘하게 제3의 길로 치환되었다. 전체에서가 아니라 부분에서 나온 발상이 그것을 가능하게 하였다. 알토 등이 몰두했던 1930년대 경의 풍토성이란 테마도 계속해서 중심에 대한 변두리의 상대적 관계, 또는 세계의 보편적인 논리를 보완하는 것이라는 자리매김에 지나지 않았지만, 여기서는 중심, 또는 보편적인 전체라는 개념은 부정되고, 세계의 주변부에 이미 보편성이 잠재되어 있다는 의식이 생겨났다.

프랑스 구조주의는 롤랑 바르트처럼 기호론으로 발전되어, 기호론을 적용시킨 건축이론을 탄생시켰으며, 이 어법은 건축평론에도 큰 영향을 미쳤다. 그런데 이 시대의 건축사상 그 자체에 내재한 구조주의적인 발상에 대해

5) 『建築家なしの建築』, バーナード ルドフスキー著, 渡 武信譯, 鹿島出版會, 1984.

그림53. 알도 반 아이크, 고아원, 암스텔담, 1957-60.

서는 그다지 지적되지 않았다. 특히 구조주의 문화인류학에 공통되는 발상법은 이성주도의 20세기 건축스타일이 걸어간 과정을 이해하는 점에서, 하나의 의미가 있다.[6]

네덜란드 건축가 알도 반 아이크는 푸에블로 인디안 등을 조사하면서, 원시적이라고 말할 수 있는 취락 구조가 독특한 공간적 가치관으로 세워진 것임을 인식했다. 그리고 그 이론을 그는 암스텔담의 '고아원'(1957-60년) 설계에 응용하였다.

미개한 취락에서는, 집은 기능이 분화되어있지 않고, 어떻게 이용할는지를 생각하지 않고 우선 집의 형태를 만든다. 예를 들어 몇 개 가족이 이루는 취락이 있다면, 그 가족 수만큼의 집을 만들어, 공유공간인 광장 주변에 적당히 둥근 고리모양으로 배치한다. 취락은 차츰 발달되어 창고가 생겨나고 신전 같은 것이 나타나게 되지만, 그것들도 종종 집과 같은 형태들을 답습한다. 결국 기능주의의 역할분담 발상과는 다르게, 건축물과 그 배치를 결정하는 취락 구조가 먼저 정해지게 된다. 여기서는 부분과

[6] Arnülf Luchinger, Structuralism in Architecture and Urbanism, Stuttgart, 1981.

그림54. 알도 반 아이크, 신의 수레바퀴, 새로운 교회당 설계안, 1964.

전체라는 관계에 대한 경험적인 지혜가 나타난다.

반 아이크의 고아원은 돔 지붕을 얹은 크고 작은 두 종류의 큐빅 공간을 유니트로 설정하고, 그것을 적당히 조합하고 연속시켜 관리동과 앞뜰광장으로 통합시켰다(그림53). 그것은 곧 미개사회의 취락구조를 건축 계획에 응용한 것이었다. 이 작품만이 아니고 그는 이와 같은 구조론적 디자인방법이라 할 수 있는 것을 응용하였다. '신의 수레바퀴'로 이름 붙여진 개념의 개신교 교회당 계획안(1964년)에서는 4개의 원형 방이 사다리형 골조와 결합된 것 같은 형태를 제시하였지만 이것도 위의 구성방법을 발전시킨 것이다(그림54).

구조론의 방법에서는, 유니트가 되는 단순한 puristic 단위 형태를 정하고, 여러 개의 유니트를 결합시키는 관계를 구조로서 정하는 것이 필요하다. 기능주의 방법에서는 전체가 몇 개의 기능으로 나뉘어져, 그것에 대응되는 조닝, 즉 영역이 구분된다. 그것은 분할 수법의 특징으로, 전체가 분할될 때야 비로소 부분이 나타나게 되므로 부분이 자립하는 것은 아니다. 구조론의 방법은 우선 부분이 있고, 전체는 나중에 결정된다. 부분은 경우에 따라 단독으로도 자립이 가능하다. 부분과 전체 관계의 존재방식을 밝히는 것이 시스템론이지만, 시스템의 존재방식은 양자가 서로 다르다.

20세기 건축 스타일의 변화는 실제로 이 시스템의 존재방식 변화에서 발생한다. 구성주의는 기하학적인 형태시스템이 테마이고, 기능주의는 그것을 기반으로, 공간의 움직임을 생각하면서 공간시스템을 주제로 하였으며, 유기주의는 형태시스템이란 테마를 버리고 더욱 자연스러운 공간시스템을 테마로 하였다. 구조론은 언뜻 보기에 부정형의 공간시스템에 패턴 부여를 시도하여 패턴화된 공간구조라는 것을 제안하고 있다.

미개사회에 대한 주목은, 물론 유럽사회의 자기부정이라는 20세기의 커다란 역사운동이 배경이 된다. 루도프스키는 실제로 미개사회에서 성립된, 어느 누군가가 디자인 한 것도 아닌, 유기적인 공간구조를 칭찬하였다. 그것은 르네상스이래, 예술가를 개인이름으로 지명하는 습관을 만들었던 유럽문명에 대한 비판적 자세를 나타낸다.

그러나 동시에 그것은 20세기의 유럽이 지향하는 보편성으로의 충동도 배경이 되며, 단순히 미개사회를 인도적으로 지키려는 의미에서 이루어진 것은 아니다. 그들은 미개사회에 들어가서, 그곳에서 구조분석이라는 시각을 통해, 추상적인 논리를 도출하였다. 건축가라면 그러한 논리를 가지고 와 새로운 디자인방법으로 활용할 것이다. 비록 미개사회에서 모델을 구했다할지라도, 그것은 근대 이성이 더욱 정교하게 발전하는 장이 되었다.

이와 관련해, 일본에서도 1960년대에 '디자인 리서치'라는 이름으로 일본 각지의 역사적 마을을 카미카와 이치로神代雄一郎, 미야와 키단宮脇壇 들이 조사하였으며, 또한 이소자키 아라타磯崎新 가 『일본과 도시공간』이라는 저서에서 일본적인 공간구조를 연구하였다.[7] 그것은 넓은 의미에서 세계적인 구조론 시대의 한 부분을 이룬 것이라고 할 수 있다. 취락에서 공간구조의 원리를 추출하려는 시도는 하라 히로시原廣司에 의해 세계의 취락조사로까지 이어진다.[8]

1960년경까지의 건축을 이해하는 데, 인터내셔널 스타일과 그 지역적인 전개라는 구도가 지금까지 잘 쓰여져 왔다. 그러나 앞서 말한 것처럼, 이원론은 1930년대의 테마였으며, 거기에서 20세기의 이성이 정지되어 버린 것은 아니다. 기능주의 논리에서 모자란 부분이 일단, 구조론의 논리로 극복되었다는 것을 깨달아 둘 필요가 있다.

어반 스트럭처

에스토니아 출생의 미국 건축가 루이스 칸은, 독특하고 신비한 형태로 알려져, 건축가들에게는 일종의 교조적인

[7] 『日本と都市空間』, 都市デザイン研究體編, 彰國社, 1968.
[8] 『集落への旅』, 原廣司著, 岩波書店, 1987.

그림55 루이스 칸, 필라델피아 시빅센터 포럼 계획안, 1956-7

존재가 되어왔다. 그러나 그것은 칸 개인의 조형 센스나 정신의 결과였으며, 20세기 역사의 저류와는 그다지 관계가 없다. 거의 지적되지는 않지만 실제 칸의 논리는 바야흐로 이 시대의 공간구조론을 따르고 있으며, 20세기 이성의 자취를 살짝 엿보게 하였다.

그는 1956-7년에 필라델피아 도심부의 대담한 개조안을 제시한다. 그 개조안에는 거대한 원통형 외에, 피라미드형, 탑형, 또한 구불구불 구부러지며 솟아오른 구조물 같은 매스가 도심에 몇 개나 배치되어 있었다(그림55). 이것은 대도시의 미래상을 제안한 것이지만, 미개 취락에 익숙한 사람에게, 그것은 거대하게 확대된 미개 취락으로 보일 것이다. 여러 개의 정형定型 유니트와 광장 모양으로 핵을 이루는 공간을 매개로 통합된 공간구조는, 언뜻 자유로운 배치로 보이며, 인간의 원시시대 지혜가 다시 돌아온 것이라고 말해도 좋을 듯하다. 취락의 공간구조는 어반 스트럭처Urban Structure(도시 구조)로 번역되었다.

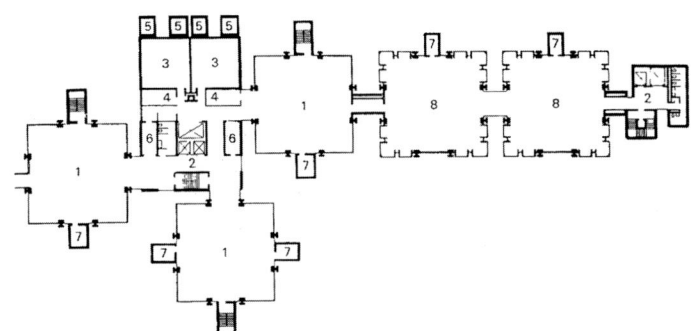

그림56. 루이스 칸, 펜실베니아 주립대학 메디컬 리서치 센터, 평면도, 필라델피아, 1957-64

단지 각각의 유니트들은, 합리적이고 경제적인 구조이론을 차례로 발전시켜 만들어진 초고층 건축의 이미지 따위와는 완전히 다르다. 또한 기능적인 공간배분을 고려한다는 점에서 비대칭의 복잡한 형태로 넘어가고 있던 당시의 건축 스타일과도 발상이 근본적으로 다르며, 고대의 제단과 같은 기념비성을 띠고 있었다. 거기에 20세기의 근대합리주의를 부정하고 새로운 기념비성을 개척한 영웅으로서 칸의 모습이 고정되기도 한다. 또한 여기서부터 1970년대의 포스트 모더니즘이 시작되었다는 설도 주장되어 왔다. 그러나 역사를 조감해 본다면 칸의 사고방식도 근대이성의 계보에 자리잡고 있다.

루이스 칸의 'served space'와 'servant space'라는 명쾌한 이분법은 유명하다. 그것은 특히 기능을 정하지 않은 주공간과 그것을 드러나지 않게 지지하는 종속된 공간이 있으면 된다라는 이론이며, 결국 기능주의를 대신하는 칸의 독자적인 방법이다. 예를 들면 펜실베니아 주립대학 메디컬 리서치 센터(1957-64년)에서는, 7

그림57 단케 겐조, 야마나시 문화회관, 1964-7.

층 높이로 쌓아올린 정사각형 평면의 무주공간이 준비되고, 이 몇 개의 주공간들이 광장에 해당되는 동으로 통합된다. 그리고 이 주공간군 밖에 화장실, 엘리베이터 등이 들어간 종속공간으로서의 가느다란 타워가 빽빽이 들어서 있다. 각각의 더 커다란 정사각형 주공간과 작은 사각형의 종속공간이라는 구조, 그리고 그 조합이 몇 개로 이어지는 유니트 군의 구조는 틀림없이 구조론의 부분과 전체의 관계를 나타내는 것이다(그림56).

그런데 구조론이란 디자인 이론은 일본에도 큰 영향을 주었으며, 단케 겐조丹下健三는 이 구조론을 자신의 것으로 만들었다. 야먀나시山梨 문화회관(1964-7년)에는, 원통형이 여러 개나 늘어서 있고, 그 사이에 집무공간 등이 적정하게 배치되어 있다(그림57). 최소한 평면도 상으로는 미개 취락의 원추형 주거가 늘어선 풍경을 연상시키지만, 여기에서 그것은 화장실이나 계단이 들어간 원통형의 기둥이다. 칸의 언어로 말하자면, 이것은 서번트 스페이스이지만, 동시에 골조를 이루는 기둥이기 때문에, 임의로 적당히 배치된 것은 아니고, 일관된 격자형태를 이루며 가지런히 늘어서 있다.

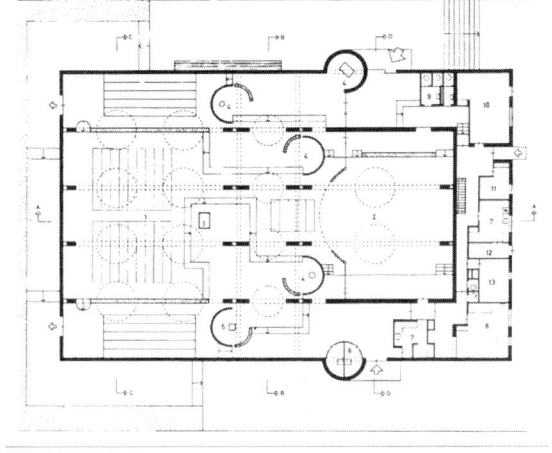

그림58. 알도 반 아이크, 로만 카톨릭 성당, 덴하그, 1968

반 아이크는 덴 하그의 로만 카톨릭성당 계획안(1968년)에서 언뜻 보기에 비슷한 평면을 디자인했지만, 거기서 원형은 작은 예배실이며, 천장에 뚫린 톱 라이트의 통이다(그림58). 반 아이크에게 원형 유니트는 자립하는 공간 유니트이고, 그 자신이 자기주장을 하는 것이었다. 결국 단케는 반 아이크와 칸의 여러 디자인수법을 참조하여, 독자적인 공간구조를 성취하였다고 보이지만, 거기에서 원주가 늘어선 일본의 대형 불교사원의 모습도 읽어낼 수 있을는지도 모른다.

단케는 취락 수준의 공간구조에는 그다지 관심이 없었

고, 유니트로 일관된 공간구조를 제시하는데 탁월했음을 보여주었다. 단케가 그린 '도쿄계획 1960'은 도쿄만에 사다리 모양의 고속도로망을 걸치고, 바다 위로 가지를 전개시켜 클러스터 형태로 건축물을 배치하여 해상도시를 건설한다는 장대한 계획으로 세계의 주목을 받았다. 야마나시 문화회관도 또한 연장가능한 도시구조의 일부로서 제안된 것이며, '코어'인 원통기둥을 도시전체에 배치하고, 이들을 묶을 바닥판을 필요한 만큼 필요한 장소에 설치하면 되었다.

이와 같은 단계에서, 취락이라는 실체를 공간구조 이론으로 추상화하여 새로운 건축디자인 방법으로서 작은 취락을 이상으로 하는 발상은, 대도시를 조합하고 배치하는 공간구조로 전환되었다. 패전 후의 국가재건을 짊어진 단케는, 이것을 '동해도東海道 메가로폴리스'라는 국토구조 수준의 초거대 도시구조로까지 확장하였으며, 전후부흥에서 고속성장으로 오로지 달리기만 하였던 시대 특유의 상황을 반영하고 있다.

이 시대에 일본 건축가가 세계의 건축가들과 교류하며 주목을 끌기 시작했던 것이, 일본의 도메스틱한domestic 감각에서였다면 일본의 건축가 수준이 거기까지 올랐다는 의미로도 생각할 수 있다. 그러나 한편에서 문화인류학의 발상으로 이해한다면, 세계의 새로운 지성은 중심보다도 주변에 초점을 두었고, 중심인 유럽이 자기부정을 하는 반면에 주변인 일본 건축가에게 무대가 제공되는 세계적인 문화구조가 이루어졌고 할 수 있다. 일본의 건축가가 세계와 함께 하는 그 자체가 구조주의 인류학의 시대에 있음을 나타낸다.

처음 구조론을 떠맡은 건축가들은 CIAM(근대건축국제회의) 제10회 대회를 위해 모였던 '팀X'의 일원이었고 새로운 세대의 대표자들이었다. 그들은 르 꼬르뷔제, 그로피우스 같은 거장들에게 그들의 건축이론은 어느새 시대에 뒤떨어졌음을 들이대고, 새로운 이론을 모색하였다. 구조론의 이론은 모더니즘 제 1세대의 기능주의에 대한 비판과 그 결점 극복을 목표로 한 세대간 논쟁의 결과로 나타났다.

모더니즘은, 단어만을 두고 해석한다면, 더욱 현대적인 것을 목표로 하는 사고방식이며, 항상 현재보다는 한 걸음 앞에 시선의 초점을 둔다. 그러므로 지금 새롭다고 생각되는 것에 만족해서는 안 된다. 이론도 또한 지금보다 새로운 것을 늘 추구하며, 고정되어 있지 않다. 르 꼬르뷔제 등의 건축이론도 더욱 새로운 모더니즘에 추월 당해, 아무래도 과거로 쫓겨나야 할 운명에 있었다.

르 꼬르뷔제의 '쁠랑 브와젱' (1925년)과 알리슨 & 피터 스미슨이 묘사했던 '골든레인 프로젝트Golden Lane Housing Project' (1951-53년)를 비교하더라도, 둘 사이에 골이 깊음을 알 수 있다(그림59). 스미슨 부부의 아이디어는, 우선 메조네트 형식의 판상 고층 집합주택에서 시작하였고, 이 단계에서는 르 꼬르뷔제가 마르세이유 등

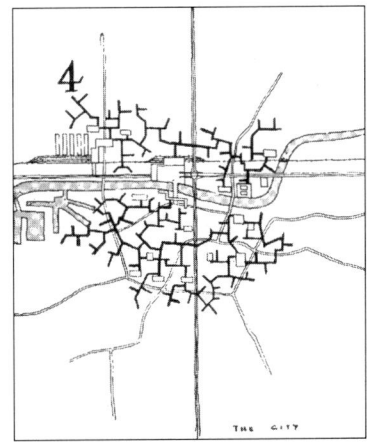

그림59. 알리슨 & 피터 스미슨, 골든레인 프로젝트, 1951-53.

에서 실현했던 고층집합주택 '위니테 다비타시옹'(거주단위라는 뜻)과 공통성이 있다. 하지만, 스미슨부부는 그것을 어반 스트럭처의 단위로 간주하고, 다른 단위들과 연결시켜, 평면에서 보면 작은 나뭇가지의 잘려진 끝과 같은 더욱 커다란 단위를 만든다. 이 단위는 다른 잘려진 작은 나뭇가지 끝과 방향을 맞추지 않고 연결된다. 이렇게 부분이 계속해서 더 큰 부분으로 확대되어, 마치 가시나무와 같은 도시가 된다. 전체형태는 건축가 자신마저도 의도치 않은 예상 밖의 형태가 되어도 좋다.

전체를 규정하지 않고 부분과 그 관계만을 정한다는 논리는, 거대한 사각형을 격자 모양으로 분할한 르 꼬르뷔제와는 결정적인 차이가 있다. 르 꼬르뷔제와 같이 한 사람의 건축가 이미지로 전체를 결정하는 방법은 건축가의 오만을 나타내는 것이며 전체주의적이기도 하다는 비판을 받을 수 있다. 스미슨 부부의 도시는 확실히 그 결점을 벗어나서 전체 윤곽을 자신들이 디자인하지 않고 예정된 조화에 맡겼다.

여기에는 인프라스트럭처Infrastructure(기반구조)가 조금도 두드러지지 않는다. 단케의 '도쿄계획 1960'에서 인프라는 고속도로망이라는 하드한 형태로 강렬하게 나타나 있지만, 스미슨 부부는 구조론 자체가 탄력성이 있으면서도 부드러운 연한 시스템이어도 좋다는 것을 가르쳐주고 있다. 순수한 입체를 이상으로 한 르 꼬르뷔제의 꿈은 마치 해체된 듯하다.

도시기계인 미래도시

설령 공간구조론이 미개취락을 문화인류학적으로 연구하면서 시작되었다고 하더라도, 20세기의 지성을 갖춘 건축가들이 기계시대로 접어든 것에는 변화가 없다. 부분과 전체의 관계에 대해 말하자면, 바로 기계는 부품을 통합하여 전체를 구성하는 시스티매틱한systematic 존재이다. 미개 취락에서 이상을 본 낭만주의는, 발상을 조금 바꾼다면 쉽게 미래적인 기계를 꿈꾸어 또 하나의 낭만주의로 전환될 수 있다.

피터 쿡, 론 헤론, 드니스 크롬프톤 같은 몇몇이 1960년에 결성한 그룹 '아키그램'은, 도시를 기계 그 자체로까지 본다. 1910년대의 미래주의 그리고 1920년대 기계를 메타포로 한 모더니즘의 경향은, 당시 초보적인 수준의 기계를 모티브로 했지만, 반세기란 시간은 기계 그 자체를 변모시켜, 로봇 같은 자동기계로 변화시켰다. 건축을 거주기계라고 하는 사고방식은 거주 로봇이라는 양상으로 나타나기 시작하였다.

론 헤론의 '워킹 시티working city'(1964년)는, 도시를 공중에 떠있는 덩어리라고 가정하였고, 큰 잠수함 같은 덩어리 표면에 벌집 형태로 주거나 오피스의 창이 잔뜩 늘어서 있다(그림60). 신축되는 큰 발로 이 거대한 덩어리는 서서히 움직이기 시작해, 세계를 돌아다니며 어떤 때는 뉴욕의 맨해튼을 배경으로 하며, 어떤 때는 이집트

그림60. 론 헤론, 워킹 시티, 1964.

의 사막에서 여러 개의 워킹 시티가 모임을 가진다는 방식이다.

르 꼬르뷔제의 '위니테 다비타시옹'과 같이, 고층건축이 하나의 도시 단위가 된다는 발상이 여기에서는 더욱 발전하여, 마치 우주기지나 우주선과 같은 도시 이미지로 묘사되었다. 도시를 공중에 띄우는 지주라는 르 꼬르뷔제의 필로티 아이디어는 더욱 발전해서 돌아다니는 발로 변하게 된다. 이와 같은 SF적인 이미지가 현실이 되려면 아직 1세기정도 더 걸릴 것이라고 생각되지만, 그것은 20세기의 도시 이미지를 상징적으로 나타내었다.

이와 같이 로봇 같은 도시 이미지를 디자이너가 묘사한 한편, 도시의 '모빌리티mobility(가동성)'라는 테마가 논의되고, 도시를 정적인 건축물의 집적이라기보다는 사람의 이동에 대응하여 움직이는 장치가 되어야 한다고 보게 되었다. 그러나 실제 경우는, 개인이 자유롭게, 또한 재빠르게 도시를 돌아다니는 것이 가능한 자동차사회가 되고, 또한 도시사이에는 초고속철도가 연결되며, 항공기로 세계의 도시를 건너다닐 수 있는 교통네트워크가 구축된 정도에 머물며, 모빌리티도 건축의 모습 자체를 전면적으로 변화시키기까지 이른 것은 아니다. 그러나 여기서는 기술 혁신 정도를 문제시하려는 것이 아니고, 기계라는 구조물을 조립하고 있다는 시스템적인 사고구조가 성립되었다는 자체가 중요하다.

또한 1964년 아키그램은 '플러그 인 시티'라고 이름 붙

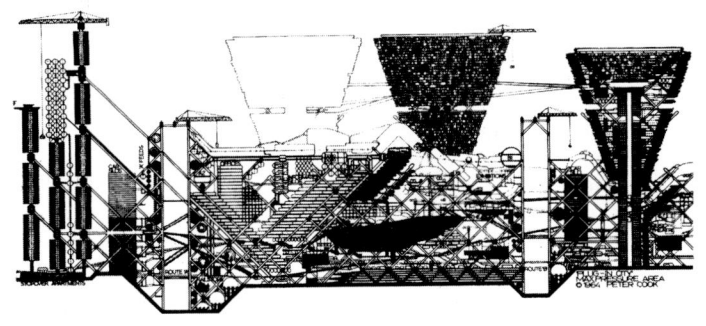

그림61. 아키그램, 플러그 인 시티, 1964.

여진 것을 제안하였는데, 이 방식은 더욱 현실성이 있는 도시상을 보여주었다. 그곳에는 몇 개의 다른 구조물이 묘사되어 있다. 큰 줄기에 로트 같은 모양으로 다수의 캡슐이 길게 붙어 있는 것, 키리탄뽀^{역주3)} 형태로 띄엄띄엄 떨어진 형태로 붙어 있는 것, 또한 45도로 경사진 골조에 캡슐이 계단식 모양으로 쌓여 있는 것처럼, 다양한 형식을 시도하고 있다(그림61). 여기서는 종래의 건축물이 구조체와 캡슐로 명쾌하게 이분된 점을 주목해야 한다.

여기에는 클러스터 수법이 보이며, 부분과 전체의 관계방식에 일정한 구조적인 패턴이 부여되어 있다. 캡슐은 바퀴 없는 자동차와 같으며, 컴팩트하게 사람을 수용하는 닫혀진 용기이다. 이 용기의 틀은 금속이며, 가운데는 유니트화 된 화장실과 부엌이 있다. 한편, 줄기에 해당하는 부분에는 배관이 들어가며, 각 캡슐과 접속되어 있다. 땅속을 연결하는 배관 네트워크는, 바로 수직으로 세워져서 나무형태의 클러스터 구조를 이룬다.

칸의 서브드 스페이스와 서번트 스페이스의 말을 빌리

역주3) 키리탄뽀: 일본의 아키타秋田 지방 음식물로서, 밥을 갈아서 으깨어 대 꼬챙이에 대나무의 둥근 모양처럼 발라 구은 것이다.

자면, 캡슐이 서브드 스페이스이고 줄기에 해당하는 부분이 서번트 스페이스가 된다. 칸의 메디컬 리서치 센터에서도 캔틸레버 보가 나뭇가지처럼 앞 끝이 가늘게 되어, 거기에 매달린 것 같은 사각형 상자가 늘어선 모양을 이룬다. 이 콘크리트 구조물이 금속으로 치환되었다고 생각하면, 실제 건축물의 조립방식은 아키그램과 기본적으로 다르지 않다.

'플러그 인 시티'에서는, 바로 콘센트에 플러그를 끼워 넣듯이, 캡슐을 접속시키면 되며, 움직이지 않는 줄기와 이동가능한 캡슐로 나뉘어져 있다. 도시에서 움직이지 않는 부분은 라이프 라인을 수납시킨 줄기 부분 만이고, 캡슐은 움직이면서 또한 새로운 제품으로 교체된다. 한편 캡슐은 이제까지의 건축기업 업무가 아니라 자동차 산업의 공장생산품이 되며, 한편으로 코어의 네트워크는 거대한 토목 스케일의 구조체가 된다. 이 같은 공간구조는 사실 미개 취락의 유니트인 집과 광장이 있는 대지라는 이분법과 마찬가지다. '플러그 인 시티'는 현대의 미개 취락이라고 말해도 좋다.

캡슐의 발상은 쿠로가와 기쇼黑川紀章의 나카긴中銀 캡슐 빌딩(1972년)에서 구체적인 형태로 나타난다(그림62). 그러나

그림62. 쿠로가와 기쇼, 나가긴 캡슐 빌딩, 도쿄, 1972.

그것은 아직 실제로 끼웠다 뺐다 할 수 있을 정도로 캡슐화 되지는 않았다. 이 발상으로 생겨났던 캡슐 호텔은 일본 내 여러 대도시에 건설되어, 저렴한 숙박장소로서 편리하므로 자주 이용되고 있다. 그것은 클러스터 발상에서 유니트 부분만을 떼어내어 버리고 구조부분을 잊어버린, 공간구조론의 세속화라고 밖에 말할 수 없다. 그러나 그것은 굴절된 형태로서 1960년대 사고방식의 한가지 흔적임이 분명하다.

1960년 도쿄에서 개최된 세계디자인 회의에서, 키쿠다케 가즈요리菊竹淸訓, 후미히코 마키慎文彦, 오오다카 마사히토大高正人, 쿠로가와 기쇼들이 만든 '메타볼리즘 Metabolism' 그룹은 도시나 건축이 신진대사를 할 수 있다고 주장하며 교환 가능성을 테마로 하였다. 이는 생물의 속성인 신진대사를 인공물에 적용하고 있지만, 실제로는 도시나 건축물을 기계적인 시스템으로 조립해야 한다고 주장한 것이다.

물론 식물이나 동물이 현실처럼 유기적으로 건축물 자체가 스스로 신진대사 할 수 있을 정도의 기술은 아직 멀었고, 어디까지나 메타포로서 유기체 아날로지의 범위에 머무르고 있다. 그러나 근대이성이 제로에서 시작된 다음에 차츰 교묘하게 인공적 시스템을 만들었던 프로세스가 여기에서 정점을 맞이하고 있음을 알 수 있다. 건축물을 기계로 판단하여, 실제로 기술혁신을 수반한 건축물의 기계적인 시스템화가 어느 정도 실현되어 왔다. '워킹 시타'는 인류가 우주기지를 건설하는 우주시대의 도시 모습이며, 고안된 최첨단 거주기계일 것이다.

그리고 1930년대 기계주의가 구체적으로 모습을 보였을 때, 이에 대해 소박한 인간주의적이며 전통주의적인 반발이 나타나, 파시즘으로 퇴행하거나 유기주의로 이행한 것처럼, 1960년대에 시스템화된 도시상, 건축상에 대한 반발도 나타났다. 그것은 근대이성과 관련된 속성이라고도 할 수 있으며, 반드시 비합리적인 것을 동경하는 낭만주의를 끌어내게 된다. 말하자면 그것은 뇌에 내장된 점검기구이며, 이것으로 달려가고자 하는 합리주의를 수정하는 것이다.

일본의 1960년대는 전후부흥 뒤의 고도성장 시대였고, 또한 고도성장이 초래한 공해에 대한 반대운동의 시대였다. 아키그램과 같은 미래로 향한 낙관주의optimism가 일반시민의 상식에서 크게 벗어나자, 생명유지장치와 같은 본능이 제동을 걸었다. 그래서 생명과 환경을 침해하는 것에 대한 소박한 시민감각에 디자이너도 응하지 않으면 안되었다.

1920년대 급진적 기능주의자 한네스 마이어 주위의 의욕적인 초합리주의로 주목받았던 베를린의 건축가 루드비히 레오는, 완전히 일변하여 건축디자인에 의문을 가지고 시민운동에 몰입했다(그림63). 1968년에는 파리에서 5월 혁명이 일어났고, 이는 일본을 포함해서 전세계의 대도시로 파급되어, 20세기 문명에 의식변혁을 촉구했다.

그것이 1930 –40년대처럼 이상한 혼란으로 빠질 정도로 균형을 잃지 않았던 것은 오히려 다행이었는지도 모른다. 1930년대 상황처럼 합리주의와 낭만주의가 정면충돌하는 이원론 시대는 지나갔고, 더욱 온건하고 교묘한 자기 개혁이 가능한 다원적 가치의 시대가 되었기 때문이다.

개발억제나 환경보전 의식이 높아지면서, 아키그램의 일원인 피터 쿡의 유토피아 도시상 속에서도, 인공물을 넘어서는 힘으로서 자연이 주목받기 시작한다. '어반 마

그림63. 루드비히 레오, 베를린공과대학 유체역학 실험동, 베를린, 1975–6.

그림64. 피터 쿡, 어반 마크, 1972.

크'라는 제목으로 도시의 메타모르포제 metamorphosé(변형)을 묘사한 일련의 그림은, 작은 입체격자로 된 구조체가 점점 용해되어 가는, 도시와 자연이 일체화된 아모르프 amorph(부정형)한 경관에 이르는 것을 묘사하였다(그림64). 20세기의 근대이성이 만들어낸 큐브로부터 스트럭처로 발전되고 해체되는 과정이 여기에 상징화되었다고 말할 수 있다.

5월 혁명의 120년 전인 1848년, 파리에서 공화주의자가 봉기하였고, 동시에 유럽 대도시로 파급되었다. 당시의 왕정이 끝내 이를 진압했지만 커다란 위기를 맞았다. 그러나 여기저기에서 잇따라 일어난 혁명운동은, 한편으로는 칼 마르크스의 '공산당 선언'과 같은 정치적이며 동시에 문화적인 저작을 낳았고, 또한 리하르트 바그너가 극장을 개혁하는 출발점도 되는 등, 오히려 문화혁명으로서 성격이 강했다. 건축영역에서 그것은 신고전주의의 이지적인 스타일에서 네오 르네상스의 화려하고 따뜻함이 있는 스타일로 바뀌는 신호이기도 하였다.

그것은 19세기 전반 이성의 시대에서 19세기 후반 감성의 시대로 가는 거대한 분수령을 이루었다. 그리고 20세기에서도 비슷하게 이성의 시대에서 감성의 시대로 가는 분수령이 1968년경에 있었다. 기계적 시스템을 조립하려고 한 근대이성이 좌절되고, 그 후에 어디로 향할 것인지는 다음 장의 테마이다.

3 성숙기의 풍경

I. 포스트 모던

감성의 복권과 매너리즘적 쾌락

합스부르크가家의 궁정문화가 영향을 끼쳤던 빈에서, 근대합리주의를 거부하는 움직임이 시작되었다. 1962년 발터 피히러와 한스 홀라인은 '절대건축'이라는 단어를 사용하여, 온갖 분석적인 자세를 초월하는 건축의 존재를 주장하였다. "건축은 대중의 소박한 본능을 덮는 덮개가 아니다. 그것은 소수 인간의 권력과 동경이 구체화된 것이다."[1]

20세기 테마인 대중사회는 모든 이에게 공통되는 원리를 추구했으며, 과학적이며 기능적인 합리성이 전체의 기반이라는 결론에 이르게 되었다. 그러나, 그것은 팝 아트처럼 누구나 알 수 있는, 넓고 얕은 가치관을 구현하는 미학만 초래하게 되었다. 피히러가 위에서 한 말은, 미학에 깊이를 구하게 되는 중우정치와 같은 사태를 피하고, 소수 사람의 재능에 의존해야 한다는 것이다. 그 글자 뜻대로 해석해 보면, 근대를 버리고 근세의 르네상스로 돌아가야 한다는 것이다. 피렌체의 메디치 가문이나 빈의 합스부르크 가문은 뛰어나고 재능 있는 건축가들의 후원자가 되어, 역사적으로 빛나는 예술적인 건축을 남겨 왔다.

한편 홀라인은 말한다. "건축작품은 바로 그 자신이다.

[1] ヴァルター ピヒラー, ハンス ホライン「絕對建築」, 出處=『世界建築宣言文集』, ウルリヒ コンラシ編, 阿部公正譯, 彰國社, p.245

2) 앞 책, p.246

건축은 목적을 가지지 않는다."2)

건축은 어떤 것에도 사로잡히지 않는 절대성을 지녀야만 했다. 건축은 어떤 목적에 봉사하는 것처럼 종속적인 처지도 아니다. 세기말 빈에서 오토 바그너가 주장하기 시작했던 유용성, 합목적성이라는 이론이, 마찬가지로 빈에서 뒤집히기 시작했다. 또한 1920년대 기능주의가 정리해야 했던 목적합리성의 체계적인 사고방식도 떨쳐 버렸다.

기능주의이건 구조론이건, 건축은 인간을 위한 봉사자로서 분석되어, 이론화되고 재구성되는 입장이었다. 목적과 수단이라는 관계가 늘 머리 속에 있으며, 홀라인은 건축을 그와 같은 목적합리성의 족쇄에서 해방시켜, 절대적인 자신의 입장으로 돌아가게 해야 한다는 것이다. 근대 합리주의의 시행착오 과정은 전부 무시되었다.

그렇다면 건축은 어떻게 되는 것일까? 이지적인 판단을 담당하는 좌뇌만으로는 아무런 답도 끌어 낼 수 없다. 건축이 그 자신의 본능에 따른다는 것은, 건축가가 그의 직관에 따라서 제작한다는 것이다. 그러나 말할 것도 없이 우뇌가 그린 환영만으로 건축을 조형할 수는 없다. 그

그림65. 한스 홀라인, 꼴라쥬, 1964.

래서 이성으로 억압된 감성을 해방시키고, 감성이 주도해서 이성을 종속시키자고 주장하였다.

1964년 홀라인은 완만하게 오르내림이 있는 목가적인 풍경에 거대한 항공모함을 배치한 쇼킹한 꼴라쥬를 그렸다(그림65). 보기에 따라 그것은 론 헤론의 '워킹 시티'의 변형variation으로, 거주기계가 전체 지역을 제멋대로 이동하고 있는 것 같다. 그러나 항공모함은 좌초되어 있고, 풍경과 건축물은 완전히 다른 가치관을 가지고 서로 충돌하고 있다.

물론 군함은 이런 장소에서는 본래 목적을 아무것도 수행할 수 없다. 홀라인의 이 초현실적인 그림은, 목적합리성의 논리를 초월하며 항공모함은 자립적 존재로서 자기 만족된다. 결국 고등기술인 건축은, 구조론에서 보여주듯이 목적이 계속 이어져 채워지는 것이 아니라, 그 자신의 생명감을 충만시킬수 있다면 좋은 것이다.

홀라인은 압타이베르크 미술관(1972-81년)에서, 도서관동인 사각기둥 모양의 입체 한 모서리를 용제로 용해시킨 것 같은 형태로 디자인하였다(그림66). 미러 글라스로 덮여 있고 그리드 만이 외관에 보이는 정사각기둥은, 틀림없이 20세기 전반의 큐빅한 시스템 합리성을 상징하며,

그림66. 한스 홀라인, 압타이베르크 미술관 도서관동, 독일 묀헨글라드바흐, 1972-81.

용해된 부분은 인위적인 시스템을 전부 무시한 예술적 직관을 상징하고 있다. 피터 쿡의 '어반 마크'에서도 마찬가지로, 두가지 가치의 대립과 용해현상이 나타난다. 그리고 이미 이성의 독재는 이렇게 좀먹게 됨을 암시한다. 그러나 그렇게 말하면서도 건축에서 시스템 합리성을 완전히 제쳐둘 수는 없으며, 형식적인 질서와 자유로운 아모포스amorphos라는 이런 이원성이 서로 맞버티는 모습을 그대로 제시할 수 밖에 없다.

20세기 초기의 건축형태는, 여러 경향을 보였지만 인터내셔널 스타일로 집약되고, 기하학적인 윤곽과 백색 도장塗裝이라는 공통항으로 침전된다. 거기에는 정보의 감축이라는 방향성이 있었지만, 그것은 이성이 행한 기술이었다. 포스트 모던시대가 되면서, 완전히 바뀌어 감성은 모든 예술적 가능성을 전개하기 시작하였으며, 정보도 많은 쪽이 오히려 좋다고 보기 시작했다. 그리고 다양한 색채나 소재가 허용되었고 또한 명쾌한 기하학에 따를 필요도 없어졌다.

압타이베르크 미술관의 다채로운 실내공간에는, 빛이 넘치는 흰색 계통의 밝은 벽면이 있는가 하면, 굴속과 같이 어두운 그러나 에로틱하게 붉은 색과 검은 색을 아로새긴 벽면도 있다. 사각형 볼륨이나 그리드 같은 기하 형태에서, 톱날 같은 지붕이나 구불구불한 돌담의 아모포스한 형태(무정형無定形)에 이르기까지 다양한 형태요소가 혼합되어 있다. 그 미술관에서 가능한 모든 표현이 시도

되었으며, 하나로 경직되는 것은 의도적으로 회피되었다.

 시스템 합리성을 파괴하고 거기에 자유로운 감성을 들끓게 했다는 크리티컬critical한 구도는, 포스트 모던으로 전환을 재촉하는 중요한 메커니즘이다. 크리티컬이란 말은 위기적인 것과 동시에 비판적, 비평적이라는 의미가 있고, 거기에는 위기를 과장해서 표현하려는 시도도 있었다. 그것은 소박하게 감성의 시대를 열었던 것은 아니고, 이성의 주도를 어떻게 해서든 붕괴하고, 상대적으로 감성이 주도하도록 재촉하였다.

 일찍이 후기 르네상스 시대에, 말하자면 매너리즘 시대에 이와 같은 경지에 섰던 건축가가 있었다. 북부 이탈리아의 만토바에서 활약했던 줄리오 로마노였다. 그는 브라만테로 대표되는 전성기盛期 르네상스의 정연하고 웅장한 스타일 앞에 서서, 이를 정면으로 거부하고 대항하는 것은 무익하다고 생각하여, 오히려 비스듬히 겨누어 비판적이고 비평적으로 아이러니컬한 자세를 취하였다. '팔라쪼 델 테 Palazzo del Té'에서는, 수평으로 뻗어야 할 처마의 보가 도중에 끊어지고 떨어져 내린다. 벽의 여기저기에는 구멍이 있다. 아치의 요석은 이상하게 큰 쐐기 모양으로 되어있다. 원주의 몸통부분은 깍아내지 않고 심을 빼지 않은채로 있는 어묵처럼 미완성이다. 또한 실내벽화에는 붕괴되어 떨어지는 고전양식의 건축 모습들이 그려져 공포감을 부추긴다.

 수법을 의미하는 마니에라maniera에서 마니에리즘

그림67. 아라타 이소자키, 츠쿠바 센터 빌딩, 1983.

manierism 또는 매너리즘mannerism, 요컨데 수법주의로 번역할 수 있는 말이 생겨났다. 그것은 두뇌의 시대에 대한 손手 우선의 시대, 즉 이념의 시대에 대한 탈이성脫理性, 즉 감성의 시대로 변화됨을 의미했다. 전성기 르네상스는 신성한 인체비례의 이상 등으로 알려진 것처럼, 이상주의理想主義시대였다. 이는 인간의 머리 속에서 가상적으로 그려 낸 완전한 질서를 둘러싸는 시대였지만, 머지 않아 이상주의의 열기가 식게 되고 사람마다 인간적 복권을 추구하기 시작했다. 두뇌의 지배를 벗어난 것처럼, 손이 제멋대로 행동하기 시작하였다.

아라타 이소자키는 20세기 전반의 이성주도 성향을 비판하고 매너리즘의 방법을 빌려 그 해체를 계획했다. 초현실주의(쉬르레알리즘)인 마르셀 뒤샹의 작품을 모방하여 열리지 않는 문을 끼워 넣거나, 의자의 등받이를 마를린 몬로 곡선으로 디자인하였으며, 이어져야 할 건축물을 마치 갑자기 끊어진 것 같은 미완의 건축 모습으로 제시하면서, 기능적 합리성과 시스템의 완전성을 의도적으로 파괴하였다. 이는 줄리오 로마노의 아이러니에 아주 가깝다.

이소자키는 '츠쿠바 센터 빌딩'(1983년)에, 미켈란젤로의 캄피돌리오 광장과 C.N. 르두의 기둥 모티브를 끼워 넣어, '인용'이라는 오리지널리티 신화를 의도적으로 붕괴하는 수법을 드러냈고, 또한 건축물 일부가 파괴된 것처럼 디자인하여 완전성 신화를 비웃었다(그림67). 건축의 완성이라는 환상을 계속 가지고 있는 소박한 일반인들은, 파괴된 건축, 얼버무려진 조형을 이해할 수 없었으며, 건축가의 배신을 비난하고 싶어질 것이다. 그렇지만, 그런 종류의 매너리즘은 실제로 16-17세기 일본의 스키야 數寄屋^{역주4)} 건축, 요컨데 건축의 규칙과 고급 신화를 의도적으로 얼버무려서 즐겼던 다실에서도 시도되었다.

매너리즘은 지적 유희이며, 이성의 완벽한 질서를 붕괴하는 것에 존재이유가 있다. 그것은 이성주도에 대한 비판이지만, 이성과 전면 대결하고 이성을 폐기하는 데까지는 목표로 하지 않는 점에서, 1930년대의 낭만주의와는 다르다. 억압받아온 우뇌를 자유롭게 하고, 감성을 해방시킨다면 그것만으로 좋은 것이다. 그리고 이성적인 것이 붕괴되는 모습을 눈으로 보는 것, 거기에 제작자와 감상자 사이에 감성의 커뮤니케이션이 성립되고, 그것이 예술이 되는 것이다. 순수한 기하학 입체가 용해된 모습을 작

역주4) 스키야數寄屋 : 다도를 위해 지은 건축, 다실茶室

품화시켰던 홀라인의 의도도 거기에 있었다.

소비사회의 기호론

모더니즘은 20세기 대중사회에 어울리는 새로운 형태와 공간을 얻으려고 출발하였고, 처음에는 자유롭게 인간적인 교류를 부활시키려는 유토피아 사회주의와 같은 경향을 나타냈지만, 자본주의 경제시스템은 즉각 모더니즘 건축을 상품화시켰다. 조형 예술적 의지보다도 경제력으로 온힘을 다해 사는 보람을 찾아 보려했다고 하여도 좋을 1920년대의 미국은, 마천루의 장식에 모더니즘의 형태모티브를 차용하였다(그림68). 열띤 예술 의지를 냉정한 경제가 잘라 단편화시켰다. 덕분에 모더니즘의 형태 모티브가 도시경관을 장식하여, 대중이 현실에서 눈으로 느낄 수 있게 되었다는 일면도 있으며, 자본주의는 한편으로 대부호를 탄생시키면서 다른 한편에서는 대중사회의 파퓰러 아트popular art(대중예술) 시대를 촉진시킨다.

20세기 건축가의 후원자는 이미 국왕이나 궁정이 아니다. 19세기에 산업자본가가 후원자에 가담하였고, 20세기에는 대중사회의 공공권력이 이에 가담하였다. 동쪽 진영에서는 대중들만으로 조직된 사회주의 정권이 새로운 후원자가 되었고, 서쪽 진영에서는 소비자라는 불특정 다수의, 말하자면 얼굴 없는 투명한 집단이 새로운 후원자

그림68. W. 반 앨런, 클라이슬러 빌딩, 뉴욕, 1930.

가 되었다. 어쨌든 사회시스템이 후원자가 되어 건축문화를 성립시켰으며, 건축스타일에도 그와 같은 성격이 반영

그림69. 필립 존슨, AT&T 빌딩, 뉴욕, 1980-3.

되었다.

　미스를 스승으로 했던 건축가 필립 존슨은 1970년경에, 갑자기 역사주의를 부활시킨다. 뉴욕의 마천루군은 미스의 시그램 빌딩을 시작으로 모더니즘 스타일이 당연시되어 왔지만, 그 속에 필립 존슨은 로마네스크 양식의 현관 홀과 치펜데일 의자 장식을 꼭대기에 얹은 초고층건축 'AT & T 빌딩'을 끼워 넣었다(그림69). 그밖에도 고딕 스타일을 모티브로 한 첨탑을 정상부에 얹거나, 미러 글래스를 길게 붙인 초고층건축 등, 다양한 역사주의 스타일의 초고층 건물이 차례로 계속 탄생한다. 모더니즘의 연장 위에 있던 많은 아는 이들은 그의 변절에 눈살을 찌푸렸지만, 일반 대중은 도시경관의 랜드마크가 되는, 사각형만이 아닌 초고층 건물에 박수갈채를 보냈다. 존슨은 미스의 금욕적인 디자인 윤리에서 벗어나 처음부터 건축에 갖추어져 있던 쾌락적인 부분을 회복하는 것이라고 주장했다.

　그러나 역사주의를 끌어낸 것은 건축미학의 극히 일부분에 주목한 것뿐이었다. 포스트 모던의 본래 성질은 이성에 억압되어 있던, 여러 건축미의 가능성을 부활시키는 것이기 때문에, 존슨의 포스트 모던도 많은 흐름의 하나에 지나지 않는다. 특히 미국에서 포스트 모던의 역사주의 스타일은 유럽에 비해서도 뚜렷이 눈에 띄는데, 여기에는 역사가 짧은 미국이 유럽의 역사양식에 대해 콤플렉스를 가지고 있다고 이해할 수 있다.

마찬가지로 마이클 그레이브스도 고전양식을 모티브로 역사주의를 현대화시키려 했으며, 아울러 선명한 색채를 사용하여 아르데코 풍의 장식건축을 현대화하려 했다고 말해도 좋을 듯하다. 이런 폴리크로미polychromy한 방향성은, 흰색과 검은 색의 무채색으로 금욕적인 자세를 나타냈던 인터내셔널 스타일에 대한 안티테제이기도 하였다. 고전주의로 기울어짐은, 예를 들어 원주를 정연하게 늘어놓아 보였던 형식주의를 부활시키는 것이고, 기능주의의 성과를 포기하는 것이기도 하였다.

　필립 존슨의 스타일에는 19세기 역사주의라기보다는 표현주의로 변형된 고딕 형태라고 생각되는 것도 보이며, 조형의 쾌락에 관한 여러 가지를 복권시키려고 했다. 포스트 모던과 함께 아르데코의 리바이벌이 일어났던 것은, 포스트 모더니즘에 예술적 형태의 상품화라는 경향이 있었음을 나타내기도 한다. 이 상품화라는 것은 단순히 점포에서 판매되는 모조품과 같은 것을 즐기는 것만이 아니고, 사실은 자본주의라는 시스템의 깊은 원리에 관계되어 있다.

　일찍이 칼 마르크스가, 자본주의란 간단명료한 원리에 기초하여, 상품과 돈 사이에 생겨난 교묘한 시스템이 가치를 재생산하는 것임을 나타내었지만, 보들리야르는 그러한 자본주의의 경제시스템이 상품의 본래 가치와 표상된 가치를 분열하는 것에 주목하여, 표상만이 자율적으로 움직이기 시작한다는 것을 설명하였다.[3] 예술품은 모조

3) 『物の體系:記號の 消費』ジャン ボードリヤール著, 竹原あさ子譯, 法政大學出版局, 1980

그림70. 로버트 벤추리, 길드 하우스, 미국 필라델피아, 1965.

품을 만들어, 그 시뮬레이션이라는 절차 속에서 시뮬라크르simulacre라 이름 붙여진 모조품의 세계를 만들기 시작한다고 한다.

　포스트 모던에 속하는 역사주의의 한 일파가 남긴 여러 오브제들은, 이 시뮬라크르의 개념으로도 이해할 수 있다. 필립 존슨이 초고층 건축에 적용한 것처럼 치펜테일풍의 형태가 논리적인 정합성을 지니는 것은 아니다. 고딕양식에서도 확실히 수직 지향성의 표현은 있지만, 중세 고딕양식은 현대의 초고층건축의 구조와는 아무런 관계도 없다. 이처럼 역사적 양식을 사용한 이미지는 다른 차원에서 만들어진 것으로, 이 이미지는 필립 존슨만이 아닌 일반대중의 기호에 따른 것이었다. 이미지가 실체에서 잘려 나가고 대중의 공동 환상 속에 독자적인 세계를 만들게 된다.

4) 『建築の多樣性と對立性』 ロオバート ヴェンチューリ著, 伊藤公文譯, 鹿島出版會, 1982
5) 『ラスベガス』 ロバート ヴェンチューリ著, 石井和　伊藤公文譯, 鹿島出版會, 1978

로버트 벤추리는 『건축의 다양성과 대립성』[4]이라는 저서를 통해, 건축디자인이 일관된 체계성을 지녀야만 한다는 모더니즘의 아카데믹한 테제에 반대 뜻을 내세웠고, 또한 『라스베가스의 교훈』[5]에서는 거대한 간판의 존재 이유를 적극적으로 인정하여 건축 본체보다도 표상表象 부분에 가치를 두었다. 속물 취미로 존재하던 것을 자본주의사회의 시뮬라크르의 리얼리티로서 포착하여, 팝 아키텍처Pop Architecture라는 장르가 자립하게 된다(그림70).

한편에서 건축의 자립성과 일관성, 그리고 그것을 확보하려는 윤리성이 19세기말에 시작된 모더니즘의 필요성 이론을 바탕으로 완성될 때, 다른 한편에는 돈의 증식이라는 원리로 움직이는 자본주의 원리가 있었으며, 이 양쪽은 줄다리기를 했다. 포스트 모던은 후자의 우위를 향해 나아가게 되었고, 건축은 부분으로 분해되어,

그림71. 구마 켄고, M2, 도쿄, 1991.

시뮬라크르의 집적체로 변모한다. 벤추리의 간판 건축 스타일, 필립 존슨의 거실장식물 건축 스타일은, 자본주의의 속물 취미를 확고히 한 건축예술의 장르로까지 발전되었다. 그 연장 위에 구마 켄고 隈硏吾의 'M2' 처럼, 고전주의 원주와 폐허, 하이테크 스타일을 혼성시킨, 시뮬라크르들이 모인 건축이 나타났다(그림71).

큐브에서 시작하여 일원적인 합리적 체계로서의 건축상을 이상으로 했던 모더니즘은, 개개의 부분이 시뮬라크르의 단편이 되어 제각기 다른 모양이 되는 상황에 직면하여, 이렇다 할 수단이 없었다. 건축디자인의 일관성은 하나의 이데올로기에 지나지 않는 것을 여기서 알 수 있다. 그러나 일관성은 확실히 20세기 전반에서는 새로운 시대를 만들기 위해 필요하였으며 이데올로기가 유효한 시대이기도 하였다. 이미 20세기 전반의 인류사적 과제가 달성된 후, 이데올로기는 현실 사회에서 쓸모를 잃어버렸다. 미스와 존슨의 차이는 그러한 시대의 변천을 상징하고 있다.

모더니즘 건축가들의 목표는, 지들룽이나 최소한 주거의 제안에서 알 수 있듯이 대중사회 결국은 최저 소득층도 건축적인 질을 누리도록 하는 것이었으며, 이는 동서진영의 대립을 넘어서 사회주의나 사회민주주의라는 20세기 세계의 테마였다. 그 대중들은 이미 공공의 공동주택과 그 단지가 만들어내는 공간질서에서 이상을 찾아내지 못하게 되었다. 대중은 작다라도 무언가 장식이 붙은,

이른바 「차별화」된 자기 집을 좋아하기 시작했으며, 공통성보다는 개성을 주장하였다. 어느새 20세기초의 사회주의 유토피아는 사라지고, 시뮬라크르가 난무하는 자본주의의 의사擬似 유토피아가 시대를 지배하게 되었다.

바위처럼 튼튼한 사회주의가 지속되지 못했던 것은, 포스트 모던 현상의 정치판이었기 때문이라고 말할 수 있다. 사회주의는 계급의 폐지를 부르짖었고, 모든 역사적, 전통적 폐해를 없애기 위해, 사회를 과학적 원리에 맞추어 바로잡으려 하였다. 사회는 제로에서 시작해서 이성이 모든 것을 결정하는, 일관된 공공적 시스템이 구축되었다. 그것은 러시아 구성주의가 쌓으려 했던 기하학형태 시스템으로 상징된다.

그러한 이성이 구축하는 시스템에 균열이 가고, 건축의 모습이 자율적인 부분의 집적으로 바뀌고, 다원적인 가치가 혼성되어 분해상태로 된 것처럼, 1980년대의 사회주의 시스템도 또한 감성에 따라 자유롭게 움직이는 젊은이들의 행동을 통해서, 한꺼번에 분해되기에 이르렀다. 그것은 단순히 파괴되었다고 할 수 없고, 20세기 물결을 그렸던 이성주도에서 감성주도로 전환하는 프로세스를 나타내고 있다고 이해해야만 한다.

2. 타이폴로지 고전주의

큐브의 타이폴로지

근대합리주의가 일원적으로 지배하는 울타리는 여러 방향에서 공격받는다. 홀라인의 절대건축 발상과는 다른 절대건축의 길이 있었다. 홀라인은 형식을 용해시키는 방향으로 나아갔지만, 반대로 형식을 보다 명확히 형식주의화 하고 이화異化시킴으로써 사람을 근대합리주의의 멍에로부터 해방시키는 길도 있었다.

루이스 칸은 공간구조론의 논리를 탐구하면서, 다른 한편 단순한 기하 형태를 써서 신비한 형태감각으로 독자적인 세계를 만들어 냈다. 1962년부터 시작된 방글라데시 다카 수도계획에서 이를 대규모 형상으로 전개시켰다(그

그림72. 루이스 칸, 방글라데시 국회의사당, 다카, 1962-74.

림72). 국회의사당에는 사각형, 원형, 반원형, 팔각형, 삼각형과 같은 단순한 형태가 집중식 평면의 강렬한 질서를 가지고 통합돼 있었다. 그 단순한 입체성과 소박한 벽면이나 개구부는, 세심하게 기능을 배려하지 못해서 그다지 쾌적한 건축이라고는 생각되지 않지만, 국회의사당으로서의 기념성에서는 비교할 데 없는 모습을 보이고 있다.

기능을 넘어서는 절대성이라는 의미에는, 비대화된 포말리즘Formalism(형식주의)이라는 방법으로 또 하나의 절대건축이 나타났다. 그것은 오래 전 고대 신화를 매개로 했던 사회 시대에, 지구라트나 피라미드, 요컨데 제단, 신전건축에 표현된 초월성의 미학이며, 말하자면 근대사회에서 고대적인 것의 부활이라고 할 수 있다. 한편으로 의회라는 민주주의 무대를 공개성, 투명성의 장場으로 생각하여, 의사당을 중후하지 않도록 디자인하는 경향이 있었지만, 칸의 방식은 모더니즘이 애써 배제하려던 고대 신비주의를 부활시켰음을 의미했다.

근대합리주의의 체계가 더욱 완전해진 것과 관련하여, 이를 초월하는 칸의 디자인은 영웅다운 행위로 보였다. 고대 로마의 비트루비우스에서 시작된 건축이론은, 근대 교육제도가 확립되면서 건축학으로서 과학적 체계성을 가지게 되었고, 다른 한편으로 포에시스Poesys(시학)로서의 시적詩的, 철학적인 면이 건축론으로 독립되었지만, 칸의 작풍은 틀림없이 과학적인 건축학을 거부하고, 기하학의 시적 철학으로서의 건축론을 더욱 순수하게 구현하

그림73. 제임스 스털링, 런콤 뉴타운, 1967-76

였다. 근대이성의 연장 위에 있었던 공간구조론도, 칸의 언어에서는 시詩로 변모하였다.

한편 영국의 제임스 스털링은, 1960년대에 레스터 대학 공학부, 캠브리지 대학 역사학부 도서관, 옥스퍼드 대학 퀸스 칼리지에서 기능적 합리성에서 출발한 독자적이며 지적인 디자인수법을 보여주었지만, 1970년경에는 기하학 유니트를 나열하는 포말리즘으로 전환하였다. 런콤 뉴타운(1967년 이후)에서는 파시즘건축의 열주 회랑에서 아이디어를 얻었다고 생각되는, 공중으로 뻗은 수평 볼륨과 그것을 받치는 각주 모양의 구성이라는 단순한 건축형태를 보이고 있다(그림73).

칸이나 스털링이라는 언뜻 보기에 완전히 다른 계통의 건축가들이, 기능을 초월하여 형식을 지향한다는 점에서 하나의 흐름을 이룬다. 그것은 머지않아 '타이폴로지'라는 또 하나의 합리주의로 수렴된다. 무엇보다도 이 합리주의는 근대이성이 쌓아온 과학정신과는 분명하게 선을 긋는 것으로, 어떤 의미에서는 비합리주의적인 합리주의라고 할 수 있을 정도로 역설적인 성격을 지니고 있다.

여기서 말하는 1970년대의 '타이폴로지(유형론)'는 모더니즘의 미래지향 정신을 역전시켜, 건축의 원점으로 거슬러 올라가 건축논리를 구축하여 바로잡으려는 사고방식에서 생겨났다. 그런 가운데 18세기 중반 경 로지에가 『건축시론』에서 주장했던 원시오두막 이론이 재평가되고, 또한 르두, 불레 같은 프랑스 대혁명기의 신고전주의에 관심이 두드러지게 높아졌다. 원시로 되돌아가고 순수 기하학을 근본으로 하는 타이폴로지라는 신고전주의의 진수가 20세기 이론으로 재구성되었다. 그 이론은 더구나 레온 크리에, 롭 크리에 형제, 그리고 알도 로시가 떠맡게 되었다.

원주는 자립할 수 있다는 로지에의 이론은, 원기둥을 벽에서 떼 내어 세운 르 꼬르뷔제의 사고방식에 영향을 주었다고 생각된다. 프랑스 대혁명기의 건축가들이 단순 기하입체를 선호한 것도 르 꼬르뷔제가 주장한 퓨리즘의 근원이 되었다. 퓨리즘의 표현으로서 제시된 르 꼬르뷔제의 큐브는 여기서 부활한 것 같지만, 타이폴로지의 순수 기하학은 늘 아우라를 포함하며 신비스럽다. 입체는 다양한 오브제로서 자기를 주장하고 서로 부딪친다.

알도 로시는 스스로 모더니즘의 연장 위에 있던 건축교육에 위화감을 느꼈으며, 기능성보다도 형태가 지닌 기념

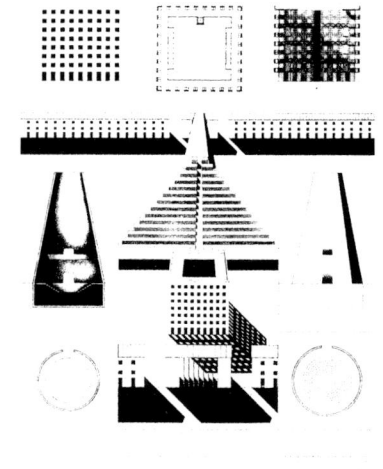

그림74. 알도 로시, 산 카타르도 묘지, 모데나, 1971-84.

성을 중시하여 디자인하였다. 모데나 묘지 설계에서는 전통적인 이탈리아 묘지시설 형식에, 육면체, 원추형과 같은 순수기하 모양을 부여하였고, 기념성을 플라톤 입체로써 표현하는 데 의미를 두었다(그림74). 파냐노 올로나 초등학교에서는 커다란 벽과 시계로, 아이들이 느끼는 학교건축의 권위적인 이미지를 기하 형태로 추상화시켜 표현하였다. 거기에는 건축가 자신이 유년시절부터 경험한 원풍경原風景에서 건축적인 타이폴로지를 추출하는 방법을 썼지만, 그것은 기억을 형태화한다는 독자적인 디자인원리였다.

한편 레온 크리에는 도시공간을 재구성하려고 순수기하 형태를 사용하였다. 그는 명쾌한 이념과 예리한 논법이 장점인 이론가로도 활약하였다. 거대한 육면체 틀을 도심의 구성요소로 둔 그의 제안은, 기념비성을 선호하는 이 시대의 욕구와 일치하였다. 그런 도시경관의 심볼이 되는 속이 빈 입방체를 생각하는 방법은 요한 오토 폰 스프렉켈슨이 파리의 '그랑 아쉬Grand Arch'(1989년)에서, 또한 하라 히로시가 '우메다 스카이 빌딩'(1993년)

그림75. 요한 오토 폰 스프렉켈슨, 그랑 아쉬, 파리, 1989.

그림76. 하라 히로시, 우메다 스카이 빌딩, 후쿠오카, 1989.

에서 현실로 이루게된다(그림75, 76). 큐브와 관련된 20세기 건축 계보에서, 큐브는 퓨리즘적인 오브제 성격에서 기념성을 지닌 거대한 큐브로 전환된다.

거기에는 도시광장을 입체적인 공간으로 관련 맺거나, 또한 상징화하려는 의도가 있으며 사회적인 의미가 부여되어 있다. 레온 크리에는 자본주의 경제가 가져온 지나친 자유가 도시 경관을 혼란시켰다고 해석하고, 거대한 큐브는 공공성 우위를 구현하는 이른바 20세기 도시의 신전이라고 주장하였다.

그런 초월적 형태는 스털링의 타이폴로지 수법에서도 영향 받았다고 생각되지만, 레온 크리에는 직접 히틀러 측근 건축가로서 나치 건축스타일을 전개하였던 알버트 슈페어에서 선례를 찾아내었으며, 슈페어의 생애 작품집을 출판하기에 이른다. 1970년경에 명확하게 모습을 보인 포스트 모더니즘에서는, 모더니즘에 대한 대안을 다양한 원천에서 구하는 경향이 있었지만, 나치건축에서도 그 대안을 얻는 것도 한 유파에 해당되었다.

거기에는 약간 복잡한 정치성이나 미학이론이 관련되며, 오해를 불러일으키기 쉬운 여지가 있었다. 특히 나치적인 것을 불식하는 것이 국민 과제였던 독일에서는 나치 복권과 연결된 그런 종류의 움직임에 신경질적이었다. 한편 다른 나라에서는 터부시되었던 나치건축이 저널리스틱한 주목을 받기 쉬운 일면도 있었으므로, 비교적 쉽게 재평가된 경우도 있었다. 레온 크리에는 자유주의 경제가 초래한 도시경관의 분단과 혼란을 구하는 것으로서 파시즘에 주목하였고, 파시즘 건축스타일은 대중사회와 공유할 수 있는 상징을 제공할 수 있다고 보았다. 순수기하학의 「합리주의」입체는, 예전에는 광기 어린 정치집단이 대중 조작을 위해 사용하였지만, 광기 부분을 제거한다면 그 형식만큼은 사회적 디자인 수단으로 쓸모 있게 활용할 수 있다고 생각되었다.

알도 로시도 또한 새로운 타입의 포스트모던적 사회주의 건축이론가였다고 할 수 있다. 그는 스탈린시대의 사회주의 리얼리즘에서도 힌트를 얻으려 했다.[6] 실제 작업에서도 20세기에는 부정하고 불식해야 할 고전장식을 일부 부활시켜, 도시공간 속에 이물체처럼 장소를 차지하고 있는

그림77. 알도 로시 「일 팔라쬬」후쿠오카, 1989

큐빅 모양 입체에 처마장식을 둘러싸는 수법을 보였다. 그 수법은 일본에 지어진 호텔건축 '일 팔라쬬'에서도 이탈리아의 팔라쬬 건축 스타일로 나타났다(그림77). 오래 전 모더니즘 초기단계에서 아돌프 로스가 고전주의를 단순화하는 수법으로 가져왔던 건축형태가 이 시대가 되면서 다시 나타난 것이다.

이러한 경향 속에서 파리의 르두 등과 더불어, 베를린의 쉰켈 같은 1800년 전후의 신고전주의 건축에 갑자기

[6] 『都市建築』アルド ロッシ著 大島哲藏, 福田晴虔譯, 大龍堂書店, 1991

관심이 쏠리는 사태가 일어났지만, 1970년대의 '합리주의'가 원래의 신고전주의와 과연 어느 정도 공통성이 있었는가 라는 점을 충분히 주의할 필요가 있다. 왜냐하면, 규율과 절도를 중시하고 구성주의와 마찬가지로 새로운 세계관을 배경으로, 가장 추상적인 구체나 육면체에서 시작하려한 본래의 신고전주의는, 새로운 패러다임이 시작되는 시대를 이루었으며, 오하려 1910-30년경의 모더니즘기와 성격이 유사하기 때문이다.

실제로 크리에 형제나 로시는 이성이 아닌 감성으로 신고전주의를 부활시켰고, 또한 플라톤 입체와 순수기하 형태에서 감각적인 공명을 얻으려 했던 경향이 인식된다. 그것은 네오 르네상스의 정신구조와 비슷하지만 본래 이성이 주도했던 신고전주의와는 다르다.

1970년대의 '합리주의'는, 이탈리아 파시즘이 지지했던 '합리주의 건축운동MIAR'과 유사해서, 합리주의의 정연한 형태를 비합리적인 충동으로 활용했고, 본래 과학적인 근대 합리주의와는 서로 용납되지 않는다. 1960년대의 공간구조론에 대신하는 1970년대의 타이폴로지라는 건축논리는 그러한 의미에서야 비로소 이해되며, 20세기 합리주의 계보의 하나가 된다.

팔라디오적 고전주의

 공간시스템 만들기라는 점에서 합리주의는 그리드로 가장 잘 상징된다. 기둥의 배치는 처음에 가로 세로 방향으로 같은 간격으로 깔린 바둑판의 교차점으로 결정된다. 그것을 벗어나, 가지런한 기둥 배치를 붕괴시키는 데에는, 보의 형상을 변화시키는 노력이 필요하다. 한편 자유롭게 구부러지거나 꺾여진 공간을 만들려면 마찬가지로 많은 노력이 필요하다. 1930년대류의 유기주의는 억지로 그것을 시도했지만 거기에는 정교하고 치밀하며 유연한 정신성이 필요했다.

 오스발트 마티어스 웅어스Ungers는 그리드를 철저하게 이용했지만, 그러한 공리적인 합리성과는 다른 의도가 있었다. 그는 자유로운 디자인이 가능한 장소에도 그리드를 적용시켰고, 전체에 일원적인 공간질서를 펼쳤으며, 평면뿐만 아니라 입면도 그리드를 적용시킴으로써 입체격자로 만들었다. 그것은 기둥과 보의 배치 문제만이 아닌 보다 작은 사각형을 사용한 커튼 월로도 되었다.

 1910-20년대에 구성주의가 직교 3차원 좌표계에 따르는 디자인에 이르렀던 것도, 자유도自由度를 스스로 감축하려는

그림78. O. 웅어스, 프랑크푸르트 메세, 도어하우스, 프랑크푸르트 암 마인, 1984.

의지의 표현이었다. 그러나, 거기에서 볼륨을 형태요소로 분해하고 전개시켜 재구성하는 구성주의적인 수법이 생겨났다. 이에 견주어 웅어스의 그리드는 단지 자유도를 없애고, 건축물을 꽁꽁 묶는다는 성격을 지녔다(그림78). 경직되어 있다는 자체에 의미가 있었다. 20세기 초 합리주의가 새로운 자유를 갈망하여, 새로운 규범의 시스템을 추구하였다고 한다면, 여기에서 그리드의 합리주의는 그 자신, 오브제로서의 존재감을 주장한다.

움직이지 않는 오브제를 자리잡게 하는 것이 기념비의 원리였다. 예를 들면 그것은 석조로 만들어져 영원히 존재하게 된다. 입체격자는 공간에 그려진 가상의 형식에 불과하지만, 그것은 뇌리에 새겨져서 떨어지지 않고, 의식 속의 기념비가 된다. 피라미드가 단순하게 존재하는 것처럼, 기억에 남는 기념비는 단순하고 순수해야만 하고, 입체격자도 또한 사각형과 육면체가 바탕이 되어 가장 단순한 논리를 가져야만 한다. 또한 기능적 합리성을 소홀히 할 정도까지 연장된 그리드는, 공리적인 이해를 넘어서서 매너리스틱하게 존재한다.

이러한 웅어스의 그리드 스타일은 기능주의와는 극과 극이다. 그 형식 합리주의는 20세기 초기에 도덕적인 기능적 합리성을 지향했던 노력과 비교 대조한다면, 비합리주의라고도 말할 수 있다. 1970년대 알도 로시나 크리에 형제를 포함하는 '합리주의Rationalism'가 표방했던 것을 단순하게 이해할 수는 없다.[7] 그러나 건축에서 역사

[7] "Rational Architecture", Bruxelles., 1978

상으로도 형식 합리주의가 풍부한 문화를 만들었다는 것은 틀림없다. 고대 로마이래 유럽의 건축사에서 볼 수 있는 고전주의 건축문화야말로 그러했다. 그리드라는 추상적인 형식은 20세기 고전주의를 이해하는 중요한 지표이다.

모더니즘 건축가들 중에서도 특히 미스 반 데 로에는 초월적이며 절대적인 형식을 추구하며 그리드를 많이 사용했다. 그것은 특히 초고층건축의 외벽에, 또한 대공간에 걸친 수평지붕의 철골을 조립한 격자 천장에 나타났다. 그러나 그 그리드는 구조형식이라는 의미에서 목적합리성의 결과였고, 포스트 모던의 자기목적화된 그리드와는 근본적으로 성격이 달랐다. 포스트 모던에서는 한편으로 모더니즘의 중립적이며 투명한 합리성을 비판하고 파괴하여, 새로운 의미작용을 부활시키려는 의도가 있었지만, 여기에서 그리드는 의미작용을 거절하는 자율성을 나타냈다. 눈앞에 오로지 의미 없는 그리드가 펼쳐졌다.

아라타 이소자키의 군마현립 근대미술관에는 웅어스의 경직된 그리드가 아닌, 작지만 변화 있는 입체격자가 사용되어 신전 풍의 초월감을 나타냈다(그림79). 평범한 매너리즘적인 요소가 첨가되었지만, 입체격자의 윤곽 자체가 근대합리주의의 신전이라는 매너리즘을 표현하고 있다. 매너리즘과 고전주의의 동거, 그러한 비평을 실제 16세기의 베네치아 주변에서 활약했던 안드레아 팔라디오가 사용하였다.

그림79. 아라타 이소자키, 군마 현립 근대미술관, 다카사키, 1974.

　팔라디오는 줄리오 로마노와 같은 아이러니컬한 매너리스트는 아니었다. 그는 소박하게 고전주의 장식 수법의 다양한 메뉴를 적용하면서, 정연한 질서를 삽입하여 이들을 정리하였다. 사각형 윤곽과 원형 홀을 그려 넣었던 집중식 평면인 빌라 로톤다는, 네 개의 면에 네 개의 장려한 신전 정면형태를 붙인, 너무나도 유명한 형식합리주의의 산물이었다. 팔라디오가 얻어 낸 화려한 장식모티브들은, 기하학적 질서가 있는 평면형, 기둥 축과 3층 구성이 기본인 비례시스템이 있는 입면 형태 없이는, 단순한 요소의 집적으로 끝났을 것이다.

　매너리즘이 판을 치면 반드시 고전주의를 가까이 끌어들이게 된다고 생각된다. 부분의 자유는 전체의 체계적인 질서를 얻을 때야 비로소 균형이 이루어진다. 뜻밖일지

모르지만, 포스트 모던도 또한 한편으로 감성이 풍부한 매너리즘의 전개와, 다른 한편으로는 형식 합리주의인 고전주의에서 균형을 이룬 것이라고 해도 괜찮다.

매너리즘적인 아이러니와 비판적인 수법을 제외시켜 보면, 팔라디오적으로 문법화된 형식미의 세계를 볼 수 있다. 「테피아」같은 마키 후미히코의 여러 건축작품들에는 그리드를 직접 사용한 것, 그러지 않으면 정연하게 직교 3차원 좌표계를 따라 르 꼬르뷔제의 수법을 근원으로 개방적인 형태 시스템을 쓴 것들이 보인다(그림80). 거기에는 스기야數寄屋 건축과도 비슷한 형태문법과 그것을 자유롭게 전개하는 취미(테이스트) 미학의 경지가 있다. 그것은 누구나 응용하기 쉬운 형태문법을 만들면서 또한 작품을 개성화하는 것을 주제로 한 팔라디오의 고전주의와 비슷하다. 또한 마키는 교토국립근대미술관에서 고전의 신전형식을 현대로 가져 와, 현대적인 금속재료를 사용하여 명백한 고전주의를 나타내고 있다.

그림80. 마키 후미히코, 테피아, 도쿄, 1989.

20세기 최초시기에 베렌스와 로스의 신고전주의가 있었고, 그것은 그로피우스, 미스로 이어졌다. 또한 1930년대에는 파시즘의 고전주의가 있었고, 돌고 돌아 포스트 모던에도 고전주의가 나타났다. 이 모든 것이 큐브와 그 형태시스템이 주제인 고전주의이지만, 저마다 다른 의미와 배경이 있어 결코 같지는 않다. 건축의 기축이 되는 고전주의가 있고, 그 축이 흔들림에 따라 바깥과 안이 보였다 안보였다 하며, 또한 각 시대의 정신을 반영시키는 유연성을 보이는 것처럼, 고전주의의 숨겨진 깊이가 거기에서 보인다.

르네상스 시대에 고대 로마양식을 활용하였던 것이 근세 고전주의라고 한다면, 20세기의 고전주의는 추상기하학의 전통을 추구하였다. 그 시작은 말레비치의 슈프레마티즘이나 르 꼬르뷔제의 퓨리즘에서 발견된다. 포스트 모던의 흐름 속에서 르 꼬르뷔제와 미스는 엄격하게 비판받았지만, 한편으로 이른바 뉴욕 파이브 같은 '르 꼬르뷔제 리바이벌'이 출현하였고 또한 미니멀리즘 경향에 미스의 영향이 다시 나온 것처럼, 모더니즘은 한편으로 비판받으면서, 다른 한편에서는 고전화의 길을 걸어갔다.

고전화古典化 될 수 있는 기반으로, 처음부터 고전주의 요소가 갖추어져 있어야만 한다. 자유롭고 활달하게 또한 다양하게 전개된 모더니즘에, 실제로는 깊은 고전주의 정신이 있었다고 주장하는 것은, 아직 20세기를 먼 과거로 하지 않는 지금 단계에서 오해를 불러일으킬지도 모른다. 그러나 이전에 부르넬리스키 같은 초기 르네상스가 고전으로 복귀되면서 고딕대성당의 스콜라학적 체계에서 벗어나려는 자유를 향한 운동이었다는 것과 같은 의미에서, 20세기 초 모더니즘 운동도 또한 또 다른 고전주의 성격을 지닌 것으로 이해되는 시기가 올 것이다. 1970-80년대의 매너리즘적 고전주의는 무의식적인 모더니즘 고전주의를 포말리즘(형태주의) 디자인으로 조작하여, 눈에 보이는 고전주의로 만들었다.

물론 20세기 고전주의가 고대의 오더라는 장식체계를 재생시킨 것은 아니고, 좀더 깊숙한 또한 근원적인 조형정신으로 돌아갔으며, 그 때문에 초기 로마네스크의 단순한 나무블럭 쌓기 같은 조형에서, 아프리카를 포함한 지중해주변, 이에 더해 일본의 목조건축까지도 바라보면서 추상화하여 형식체계를 도출하였다. 그리드도, 그 이상 거슬러 올라가지 않고, 가장 기본적인 공간형식으로서 고전주의화 하려는 욕구에 응하였다고 말할 수 있다.

혼성계와 픽처레스크

포스트 구조주의 철학자 자크 데리다는 '탈구축(디컨스트럭션)'이라는, 난해하면서도 매력적인 개념을 만들어 낸 인물이다. 이는 더욱이 건축디자인에 큰 영향을 끼쳤다. 애초에 이 개념은 기존 근대합리주의 시스템을 쪼개며, 그 붕괴과정 자체에서 새로운 시스템상像을 찾아 내려하였으며, 건축의 해체 모습을 그대로 고정한 것 같은 복잡한 구조물로 형태를 표현하여 유행스타일로서 한세대를 풍미했다.

데리다는 구조주의를 비판적으로 계승하면서, 예를 들

어 논리적으로 투명한 표음문화의 지배에 대해서, 그것에 저항하는 '에크리튀르ecriture(글)'라는 표의성을 대비시켜, 인간이 만든 언어문화의 이중구조를 밝혔다. 구조주의는 대수롭지도 않은 풍경 속에서도 구조와 논리를 찾았고, 모호하게 보이는 현실의 바닥에 무의식의 질서가 움직인다고 생각했지만, 데리다는 이 구조적인 질서로 지향함을 비판하고, 그것을 테러리스트와 같이 쪼갬으로써 나타나는 피가 통하는 인간성의 복권을 주장하였다.

건축가들은 그 메시지에서 일원적인 구조의 파괴라는 수법을 읽게 되었다. 우선 그리드 구조를 비스듬히 쪼개고, 또한 어긋난 축선을 이중화하여 겹쳐지는 것 같은, 그리드 시스템의 조작 수법이 상징적으로 나타났다. 피터 아이젠만은 이론적인 건축디자인을 테마로, 특히 디컨스트럭션의 개념에서 형태조작 모티브를 찾았다. 네덜란드

그림81. 피터 아이젠만, 집합주택, 베를린, 1986.

구성주의에 근원을 두고 사각형, 육면체를 조합시킨 그의 수법은, 곧 축선을 어긋나게 하여 그리드를 복합시킴으로써, 형태 논리의 이행 과정을 스스로 나타내어 보였다(그림81).

리차드 마이어도 또한 어긋난 축선이나 이중화된 그리드라는 수법을 사용했지만, 그는 아이젠만처럼 개념적인 논리 전개보다도 시적詩的 표현에 관심이 있었으며, 완전히 일치하지 않는 두 시스템의 틈 사이에 예기치 않은 해방감을 발생시키는 것을 노리면서, 매너리즘적 유희를 하였다(그림82).

근대 합리주의는 당초 20세기를 새로운 사회로 만들 명

그림82. 리차드 마이어, 공예미술관, 프랑크푸르트 암 마인, 1984.

쾌한 이념을 세우고 이론화하여, 그것을 실현하기 위해 모든 면에서 적극적인 변혁을 이끌어 가는 자세였다. 그러나 이러한 이성적 변혁에는 모호한 문화현상을 말살시켜버린다는 일종의 부작용이 있다. 건축표현에서는, 보편적인 테마와 지나치게 관계를 맺고 있기 때문에, 특히 개인의 시적詩的 표현은 부차적으로 보여 그 자취는 엷어지게 된다. 포스트 모던의 역할은 새삼 모호하여 시적 표현의 다양함이나 깊이를 부활시키기도 한다.

그것은 균질한 공간속에서 '의미를 발생시킨다' 라는 말의 표현처럼, 의미론을 수반했다. 미스가 추구한 정연한 그리드 축선은 근대이성의 산물이었지만, 일관된 시스템을 구축했기 때문에 이성의 독재 같은 것이 일어나 모호함이 부정되었다. 미스 자신은 'less is more' 라는 말로서, 건축가의 사명을 스스로 한정하고, 사용하는 사람, 거주하는 사람에게 다양한 가능성을 남기려 했지만, 미스의 에피고넨epigonen(추종자)인 산업사회의 비스니스맨 건축가들은, 종종 단순한 철골구조물의 상품으로서의 존재감을 표현하는데 노력하였고, 또한 단순히 아우라화시켜 본래 자유를 부여받아야 할 사용자를 위축시켜 버린 경우도 있었다. 그래서 너무 강한 일원적인 시스템을 무너뜨리는 것이 인간성을 재생하는데 불가피하다고 생각되었다.

한편 이성이 만드는 질서를 파괴하려는 시도는, 일원적인 질서를 꺼려하는 다른 무엇을 삽입하는 것으로도 이루

그림83. 알도 로시, 집합주거, 베를린, 1987.

어질 수 있다. 정연한 그리드 속에 질서에 얽매이는 것을 거부하는 것 같은 오브제를 두면 된다. 플라톤 입체를 사용한 로시의 타이폴로지는 이런 면에서도 의미가 있다. 원추형과 피라미드형, 육면체, 구체, 원주와 같은 자립하는 입체는, 그리드의 중심에 자리잡으면 강한 중심성을 발휘하며, 또한 종종 그런 목적으로 이용되지만, 만약 중심을 벗어나 배치되면, 거꾸로 시스템화를 거부하는 힘을 발휘하게 된다(그림83).

시스템에 얽매이지 않는 다른 물체를 삽입할 때, 기하 형태이어야만 하는 것은 아니다. 역사적인 모뉴먼트나 그 자체로 의미를 지니는 상징적 형태라도 괜찮고, 자유롭게 디자인 된 조형물이라도 좋다. 다만 그 배치에 문맥을 무시한 의외성, 돌연성만 있으면 된다. 또한 그것을 제공하는 사람은 전체 공간시스템을 제공한 건축가가 아닌 편이

그림84. 필립 스타르크, 아사히 수퍼드라이 홀, 도쿄, 1989.

더욱 좋을는지도 모른다. 시스템을 벗어나게 하는 것은 시스템을 만든 두뇌와는 다른 문맥에서 창조하는 두뇌가 고안해야 하기 때문이다.

필립 스타르크가 수미다隅田 강변에 설치한 큰 불덩어리 모양의 금색 오브제는, 그러한 의미에서 이물체로서의 성격을 갖추고 있다(그림84). 그 형태는 모든 합리적인 해석을 거부하고 또한 도시의 문맥을 벗어나, 그 자체에 어떠한 의미나 역사가 존재하는 것처럼 보인다. 그 오브제는 투명해지고 계속 시스템화되는 근대도시에서, 가장 불투명한 오브제로서 장소를 점유한다는 것만으로도 의미가 있다. 그것은 보는 사람에게 이물감을 주는 것으로서 의미의 발생원이 될 수 있으며, 의미발생 능력을 잃어버린 일상의 도시풍경을 자극한다. 예전에 홀라인이 묘사했던 사막에 떠있는 항공모함처럼, 환경과 오브제는 서로 대립하지만, 여기에서 오브제는 추상과 구상의 사이에 있으면서 의미의 탐독마저도 거부한다.

일원적인 질서를 해체하고 공간시스템 자체가 다원화되며, 또한 추상, 구상, 반구상 오브제들의 다양한 가치가 재확인된 바에는, 어느 것이든 하나의 방법만이 유효한 것은 아니므로, 모두를 혼합시키는 방법을 채택해도 좋다. 적절히 선택하고 또한 혼재시켜 활용한다는 의미에서 절충주의(에크렉티시즘)라고 불러도 좋다. 19세기 중기 이후에 역사주의가 절충주의로 발전되었지만, 거기에는 고딕, 르네상스 등의 역사양식이 정리되어, 적당히 건축 종별이나 용도에 맞게 선택되고, 또한 경우에 따라서는 방마다 인테리어디자인을 다른 양식으로 하게 되었다. 이에 대해 말하자면 20세기 후반의 절충주의 메뉴는 타이폴로지화된 기하 형태와 구상 형태들로서, 20세기 건축디자인의 패러다임이 더욱 추상적인 형태개념이 되었음을 이해할 수 있다.

제임스 스털링은 이러한 '타이폴로지컬 에크렉티시즘(유형학적 절충주의)'이라고도 부를만한 새로운 절충주의 원리를 정확하게 파악한 건축가였다. 그는 '더비 도시센타 계획안'(1970년)에서 벌써 현대풍의 형태를 나타내는 마제형 아케이드에 둘러싸인 중정에 역사적인 길드 홀의 탑을 세우고, 침몰하는 배처럼 비스듬하게 누운 의회 홀의 파사드를 배치하는 등, 역사적 건축을 타이폴로지화 시켰다(그림85). 여기에서 포스트 모던의 역사주의는 현대 도시공간 속에서 떠오르는 요소로 디자인되었다. 그것이 베를린의 '학술센터'에서는 더욱 추상화된 방법으로 쓰여져, 이미 있던 벽돌조 건축을 보존하면서, 고대 그리스의 스토아와 같은 아케이드와, 라틴 크로스형을 사용한 레스토랑동, 원형극장 풍의 강의

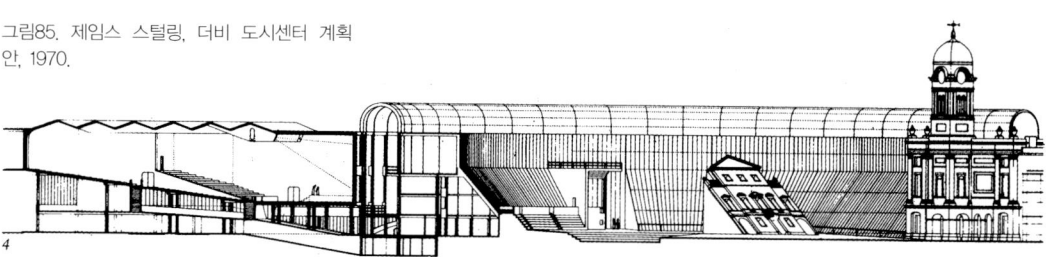

그림85. 제임스 스털링, 더비 도시센터 계획안, 1970.

동, 여기에 중세 성곽 풍의 동도 첨가하여, 평면에 추상 표현한 역사적인 건축타입들이 한 무리를 이루며 구성되어 있다(그림86).

이러한 수법은 마치 역사적 건축의 패러디 같은 모습을 드러내고, 디즈니랜드 속의 환상적인 중세성곽과도 다르지 않게 보이기도 하며, 또한 건축가의 개인적인 유희처럼 생각된다. 그러나 그것은 실제 1970년대에 타이폴로지의 논리가 기조를 이루며, 이것에 역사주의, 절충주의가 관여된 결과임을 이해할 수 있다면, 20세기 건축이론의 변천과정 도중에 발생된 사상현상임을 이해할 수 있다.

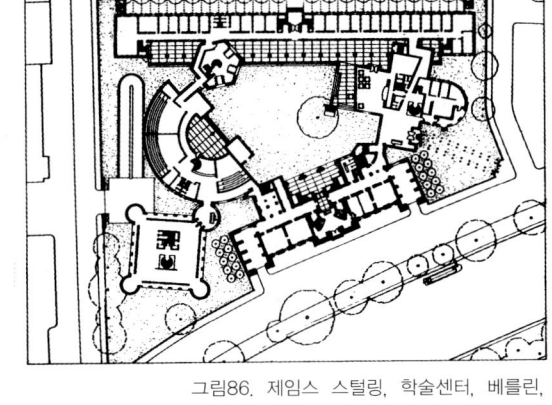

그림86. 제임스 스털링, 학술센터, 베를린, 1988.

그리고 뿔뿔이 흩어진 것처럼 자립하는 오브제 무리들은 전체로는 변화가 풍부한 경관을 만들어 인간의 눈을 즐겁게 하며, 거기에 픽처레스크 방법이 부활되고 있다는 것도 깨닫게 된다. 18세기에 인공호수가 갖춰진 풍경식 정원 속에 고대 신전이나 고딕성당의 폐허, 또한 돌집 grotto이나 정자 같은 여러가지 폴리를 점점이 배치하고, 조망축과 전망대를 만들어서, 다양한 요소와 편안한 풍경으로 기분전환 장소가 되었던 것이, 20세기 가치관을 배경으로 부활한 것이다. 스투트가르트의 '주립 미술관 신관'에서 스털링은 베를린 신고전주의 건축가인 쉰켈의 미술관을 기본으로, 르 꼬르뷔제 작품까지 모티브로 한

그림87. 제임스 스털링, 주립미술관 신관, 스투트가르트, 1984.

다양한 역사적 요소들을 뜻밖의 부분에 집어넣었고, 또한 경사면을 확장하여 시가지로 스무드하게 융화시키며, 풍경을 조정하기까지 하였다(그림87). 그것은 단순한 오브제군群을 넘어서 교묘하게 전체 구성에까지 이르러, 타이폴로지컬 에크렉티시즘(유형학적 절충주의)은 랜드스케이프 디자인과 융합되었다. 이 수법이 '압타이베르크 미술관'에서는 홀라인의 독특한 매너리즘 미학과 결합되고, 기하입체군과 주변의 역사적 건축물이나 시가지들이 혼합되고, 경사면의 고저차를 활용한 복잡한 인테리어 디자인과 함께, 온갖 변화를 포함하는 공간적인 픽처레스크로 통합되었다.

그림88. 베르나르 츄미, 파르크 드 라 빌레뜨, 파리, 1989.

한편 베르나르 츄미가 관여한 '파르크 드 라 빌레뜨'에서는, 지면의 기하학적인 배분이나 축선디자인, 그리드의 교점에 점점이 배치된 폴리 풍의 건축군, 기념당 같은 커다란 공 모양 오브제, 토목 구조물의 단편과 같은 거대구조를 노출한 거대건축, 그리고 보존재생된 19세기풍의 철골구조물 같은, 다양한 요소를 혼성시킨 수법이 나타났다(그림88).

예전에 평면적으로 확장되기만 했던 도시공원은 입체화되고, 거꾸로 건축물은 포스트 모던적인 디자인 감각을 지닌 조원수법으로 일원화되어, 독특한 '공원' 개념으로 결정結晶화 된다. 이처럼 현대적인 건축디자인과 조원수법이 하나가 된 공원개념은 쾰른의 설계경기에도 있었듯이 '미디어 파크'라는 새로운 테크놀로지를 받아들인 테마파크의 일종이 되기도 하였다.

1970-80년대의 새로운 픽처레스크가 지닌 의미는, 20세기 전반처럼 완전한 질서를 부정하면서 그렇다고 19세기로 되돌아가는 것도 아니며, 또한 완전히 질서가 결핍된 아나키한 상태를 끌어내는 것도 아닌, 질서와 혼돈의 중용에서 공중에 매달렸다고도 할 수 있는 차원을 찾아낸 것이다. 전체공간의 합리적 질서를 하나의 수법으로 활용하면서도, 질서에 몰두하는 것은 아니고, 또한 다양한 의미를 발생시키는 오브제나 장치를 넣어, 기분전환에도 부족함이 없도록 하고있다.

이와 같은 현대적인 픽처레스크를 나타내는 공원을 일으켜 세워 그대로 한 장의 파사드가 되면, 마키 후미히코의「스파이럴」이라는 새로운 타입의 장식적인 도시건축이 태어난다. 거기에는 그리드, 원추형, 계단이 기러기떼 나는 모양(雁行形)으로 배치된 타이폴로지컬한 오브제군이, 미묘하게 절곡을 이룬 비대칭의 벽면에 절묘한 균형으로 점착되어 있다.(그림89). 그것은 일본적인 스기야(數寄屋) 감각의 파사드라고 해도 좋지만, 2차원적인 픽처레

그림89. 마키 후미히코, 스파이럴, 도쿄, 1985.

스크라는 세계 보편의 공통감각이기도 하다.

이러한 절충주의나 픽처레스크적인 현상은 다원적인 가치를 공존시키는 미학이며, 포스트 모던 이후의 디자인이 추이되는 과정을 잘 반영하고 있다. 그리고 그것은 1860~70년대 주변에 전개되었던 다양한 양식이 혼재하는 유럽의 절충주의나 일반인에게 보급되기 시작하였던 비대칭 주택건축의 픽처레스크한 기조와 비교해도 좋다고 생각된다.

4 전환

I. 카오스로 여행 떠나기

네오 바로크의 타원과 카오스화

 포스트 모던의 목표는 근대합리주의가 초래했던 일원적인 체계에 우선은 다른 주장을 내세우는 것이었다. 그 부정의 변증법은 갖가지 차이와 균열을 만들어 냈다. 일원적인 체계는 이원화되었고 곧이어 다원화되었다. 그 과정에서 새로운 문제가 나오게 되는데, 이 다원화된 형태군이 그대로 카오스로 확장되어 가버리던지, 아니면 다시 어떤 방법으로 재통합될는지 기로에 서게 되었다. 형태의 논리는 그렇게 나아갔다.
 이 문제는 틀림없이 16세기에 매너리즘이 일어나, 르네상스의 집중식 공간과 비례라는 일원적인 형태질서의 이상이 붕괴되었던 시기에 발생한 테마였다. 미켈란젤로가 16세기 전반에는, 메디치가家 예배당에서 사각형 평면에 반구형 돔을 올려서 전성기 르네상스를 계승하는 자세를 보였지만, 16세기 중반에 캄피돌리오 광장 설계에서는 돌바닥에 타원형을 그렸다. 그것은 투시도법의 착각효과를 겨냥한 사다리꼴 광장으로 합쳐져, 시각의 왜곡을 일으키는 트릭으로 사용되었다. 그 후 타원형은 크게 유행하여 17세기 중반에 베르니니가 디자인한 바티칸의 산 피에트로 성당 앞 광장처럼, 타원형은 바로크 양식의 제 1지표가 된다.

아라타 이소자키는 앞서 말했던 '츠쿠바센터 빌딩'의 중정에 캄피돌리오 광장의 타원을 반전시켰고, 말하자면 이중으로 된 매너리즘 수법을 나타냈다. 거기에는 캄피돌리오 광장 자체가 지녔던 양식발전상의 역할까지 덧붙이려는 뜻은 없었다고 생각되지만, 그 후 1980-90년대에 걸쳐, 특히 일본에서 타원형 붐을 일으켰다. 그것은 단순한 유행이 아니며, 시대 의식이 포스트 모던의 매너리즘을 졸업하고 바로크적인 사조로 이행하는 것을 상징하고 있다고 해도 좋다.

그림90. 모즈나 기코, 우노키 초등학교, 일본 아키타현, 1988.

모즈나 기코毛綱毅曠의 '우노키鵜木초등학교'(1988년)는 확실히 바로크 성당의 신비스런 디자인을 부활시킨 것 같은 타원의 중정을 에워싸는 타원형 구조물을 만들어 우주를 상징화시켰다(그림90). 이토 토요는 요코하마의 '바람의 탑'에 타원형 원통을 사용했고, 또한 '파리 국립도서관 설계경기안'(1989년)에서는 정연한 바코드 스타일의 격자 모양 평면 속에 떠 있는 듯한 2개의 타원형을 삽입했다(그림91). 시라칸스는 '우타세打瀨초등학교'(1995년)에서 직교좌표에서 벗어나 떠다니는 타원형을 덧붙였다. 렘 콜하스는 유

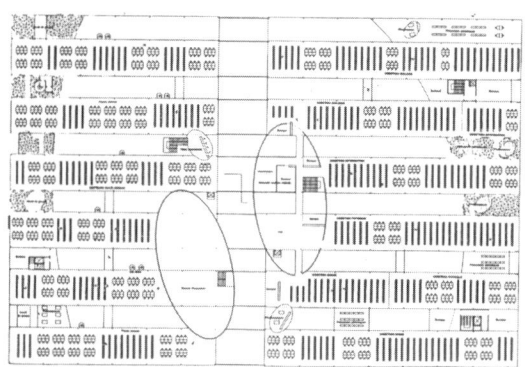
그림91. 이토 토요, 파리 국립도서관 현상설계안, 1989.

레일 리으 계획 중에서 대회의장시설인 '콩그렉스포' (1994년)를 커다란 타원 하나로 통합하였다.

이소자키 자신은 '나라 시민홀' (1992년 현상설계)에서 전체 윤곽을 세장한 타원형으로 만들었고 또한 다른 작품에도 타원형을 사용하였지만, 매너리즘적 비평성은 자취를 감추고, 타원형 그 자체의 존재감만 나타내고 있다. 타원형은 점차 입체화된 오브제로 발전하여, 벽면 시공이 곤란함에도 불구하고 시대의 상징이 되어왔다.

다카사키 마사하루高崎正治의 '결정結晶의 모습' (1987년)에서는 흔들리며 움직이는 듯 전개되는 공간의 한구석에 달걀형태를 등장시켰다. 그리고 '타마나 시玉名市 전망대' (1992년)에서는, 달걀형태에서 확장된 다양한 콘크리트의 형태군이 나타나, 힘의 흐름이 겉으로 보이기 시작했다(그림92). 그곳에는 이미 매너리즘의 비평정신에 없는, 바로크 에너지의 용솟음이 나타난다. 안도 타다오는 나카노지마中之島 계획(1980-)에서 옛 공회당의 양식건축 내부를 파내어서, 커다란 달걀 모양의 홀을 삽입하는 안을 제시하였다.

이런 타원형의 범람이 어째서 유달리 일본에서 많이 보이는 것일까? 그것은 일본 건축사업이 재빠른 것과도 관련되겠지만, 일본 건축디자인계가 다른 선진국에 비해 형태의 양식화라는 것에 민감하고, 그것으로 움직여지려는 경향이 강하기 때문이

그림92. 다카사키 마사히루, 타마나시 전망대, 구마모토 현, 1992.

라고 생각된다. 세계적인 네오 바로크적 경향이 오히려 일본에서는 표층적으로 이해되어, 패션으로 되었다고 말할 수는 없는 것일까.

정작, 20세기 네오 바로크의 확장과 주요테마는 어디에 있을까? 타원형은 우선 원형을 왜곡시켜 나타냈지만, 그것은 더욱 복잡한 형태로 바뀌면서 그 왜곡을 이용하여 다양한 공간을 쉽게 수용할 수 있도록 하였다. 그것은 카오스로 가는 자립한 형태군을 통합하는 임무를 담당하였다. 뒤집어보면, 건축형태가 저마다 고유한 힘을 가지기 시작하고, 서로 부딪히며 합쳐져 카오스화가 진행됨을 나타내고 있다.

그림93. 자하 하디드, 더 피크 계획안, 홍콩, 1983.

자하 하디드는 투시도법을 바탕으로 새로운 트롱프 뢰유trompe l'oeil(속임기법/착각효과)를 고안해서, 독특하게 왜곡된 공간을 표현하였다(그림93). 거기에는 흐르는 듯한 공간, 이상하게 과장된 깊이감, 만곡되는 공간들이 묘사되어 드라마틱하게 표현되어 있다. 그 신표현주의적인 왜곡에는 투명한 공간시스템에는 없는, 에너지의 흐름 같은 것이 들어가 있었다. 매너리즘적인 과장과 일탈을 표현하는데 힘의 흐름이 생기기 시작하였다.

다니엘 리베스킨트가 베를린의 '유대박물관'(1989년 설계경기)에서 나타낸 지그

그림94. 다니엘 리베스킨트, 유대박물관, 베를린, 1989, 현상설계안

재그한 모양은, 형태가 힘을 지니고 있다는 의미를 아는 바탕에서 만들어진 조형이다(그림94). 이 지그재그한 모습에 어떠한 필연성이 있는지는 알 수 없다. 왜냐하면 그것은 정연한 공간질서를 부정하고 축선의 어긋남을 더욱 더 추진한 결과로 얻어진 순수한 조형 의지의 결정結晶이기 때문이다. 내부에 만들어진 공간은 축선이 어긋나면서 생겨난 여러 의외성이 강제로 적용된 것이며, 어떤 논리성이나 정합성도 없다. 후기 바로크 성당의 인테리어에는 흔적을 없앨 정도로 잘게 잘려진, 절곡된 보(엔타블레처)가 보이지만, 여기에서는 그 굴곡이 건축물 스케일로 확대된 듯 하다.

리베스킨트는 '미크로메가스'란 화집 이래로, 1920년대 구성주의의 형태 모티브를 부활시키면서 더욱 복잡한 구성으로 나아갔고, 마치 쓰레기 속에서 생명체가 탄생하

그림95. 코프 힘멜브라우, 팔케 거리의 옥상구 조물, 빈, 1989.

는 것 같은 꿈틀거림을 묘사하려 했다. 그 형태학습의 결과가 '유대 박물관'에 나타났으며, 포스트 모던적으로 파쇄된 형태군은 여기에서 새로운 힘으로 넘치기 시작했다.

코프 힘멜블라우는 오스트리아 빈의 전통 가로 속에, 옥상을 개조하여 철골의 복잡한 골조와 유리로써, 곤충 같은 움직임을 표현했다(그림95). 구조부재는 종횡무진으로 짜 올려져 나쁘게 말하자면 철골부재의 쓰레기 덩어리처럼 보인다. 그것은 낭만주의적인 자유를 동경하듯이 선단부를 쭉 뻗어내어 뾰족하게 되어있다. 그러나 그것은 단순히 별난eccentric 것은 아니고, 생명력을 내포하여 솟구쳐 나온 것 같은 통합을 보여주었다. 리베스킨트에서도 볼 수 있듯이, 요소들이 상호 협력하여 단순한 물질군 이상의 힘을 가지기 시작한다.

홀라인이 매너리즘적이며 픽처레스크적인 감성을 만들었던 빈에는, 한편으로 귄터 도메니히의 바로크적인 감성도 있었다. '중앙은행'(1979년)에서 비집어 연 깡통처럼 말아 올린 곡면디자인을 했던 그는, 슈타인도르흐의 '슈타인하우스'(1989년)에서는 형태의 입체요소군을 자기 마음대로 복잡하게 조합하여 새집 같은 구조물을 완성하였다. 그도 또한 질서 있는 형태를 온힘을 다해 파괴하는 것부터 시작하여, 내부로부터 솟구쳐 나오는 힘의 흐름과 그것이 서로 충돌함을 표현하는 경지에 도달하였다.

기존 건축형태를 부분적으로 파괴하면서 출발했던 프랭크 게리도 또한, 포스트 모던적인 비평성, 이중성을 초월하여, 파괴된 주형태로부터 파괴하는 쪽의 복잡한 형태로 중심을 이동해 갔다. '비트라 가구박물관'(1989년)에는 이미 파괴될 만한 근대의 형태는 사라지고, 나중에는 왜곡된 형태가 서로 충돌하여 꿈틀대는 것 같은 집적체가 남게 되었다. 그것은 폭발할 것만 같은 격심한 힘의 움직임을 느끼게 했다(그림96). 형태는 오로지 정지할 때를 알지 못하고 카오스로 향하고 있다. 그것은 예전의 19세기 말기에 나타난 네오 바로크의 거침없을 정도로 복잡한

그림96. 프랭크 게리, 비트라 가구박물관, 바일 암 라인, 1989.

장식군을 대신하는 것으로, 여기에는 20세기적인 큐브의 기본요소가 변형되어, 건축물 전체를 말하자면 복잡한 입체군으로 장식화하고 있다.

포스트 모던의 네오 매너리즘은 이렇게 해서 네오 바로크의 단계로 전환되었다. 혼돈된 형태 그 자체가 자기 목적이 되고, 포스트 모던이 해방시킨 감성을 자극하는 모든 것이, 이후 더욱 더 건축형태로 집적되어 갔다.

19세기 후기의 네오 바로크는, 파리 오페라좌, 브뤼셀 최고재판소, 베를린 대성당처럼 화려하게 존재하며 확실히 과다한 장식으로 힘이 넘치는 기념성을 남기고 있다.

그것은 제국주의 시대의 수도를 꾸민다는 사명에서 국가의 부를 상징적으로 표현한 것이었다. 20세기 네오 바로크의 사회 배경과는 전혀 다르며, 글로벌화 되어 국가의 위신과 같은 주제는 곧 시대에 뒤지게 되었다. 그러나 첨단적인 시대를 표현하는 디자인과는 달리, 그런 종류의 힘의 표현을 주제로 한 건축물이, 대중이 관심 있는 건축물을 무대로 튀어 오르게 했으리라는 것은 충분히 예측 가능하다.

　힘의 표현은, 생산력이나 사회의 부가 아닌, 오늘날의 의미로는 생명력의 표현이라고 생각된다. 로시의 이물체 같은 입체나 필립 스타르크의 불덩어리가 가지는, 시스템 사회에 저항하는 오브제의 연장으로서, 네오바로크의 힘을 표현할 수 있다. 타원형 중에서도, 단순한 타원형 돔이 아니라 다카사키 마사하루의 오브제처럼 달걀모양이 쓰여진 것은, 기하학 형태의 세계를 넘어서, 생명력을 암시하는 형태가 추구되고 있음을 시사한다. 한편 이토 토요의 짚신벌레와 같이 소박하고 기우뚱한 타원형은, 갸날프고 미약한 생명력의 메타포에서조차 새로운 시대를 개척할 싹이 있다는 것을 가르쳐주고 있다.

논리로서의 복잡성

　수학자 만델브로트Mandelbrot는 자기상사성自己相似

性이라는 부분과 전체의 '서로 닮음相似'이라는 관계에서 바라본 프랙탈 기하학을 고안하여, 그 획기적인 수학 이론으로 세계에 충격을 주었다. 유클리드 기하학에서 좀처럼 벗어나지 못하는 건축디자인의 세계에서는, 종래의 건축형태와 완전히 원리가 다른 형태가 존재하고 게다가 컴퓨터 그래픽으로 시뮬레이션도 가능하다는 것 때문에, 새로운 디자인 방법이 나타날지도 모른다는 예감에서 프랙탈 이론을 받아들였다. 자연발생적으로 생겨난 산줄기나 해안선의 복잡한 형태가, 실은 어떤 법칙에 따른 논리적인 결과이고, 이를 인간의 손으로 재구성할 수 있다는 생각에 이르러 디자인의 새로운 가능성을 엿볼 수 있었다.

건축디자인에서 유클리드 기하학적으로 구성된 형태와, 장식같은 프리핸드의 예술적인 처리가 합성되었다. 이러한 과학적인 이성의 일면과 예술적인 감성의 일면이 있음은 건축의 폭넓은 전개 기반이 되어왔다. 건축가는 과학자이면서 예술가도 될 수 있어 양자를 조합하는 방식에 따라 다양한 표현스타일을 발생시킨다. 그리고 프랙탈 기하학은, 프리핸드의 장식으로 생각되는 부분도 기하학의 범주로 편입시켜, 논리적인 처리가 가능하다고 생각되었다. 적어도 프랙탈한 형태, 다시 말하면 단편을 끌어 모은 것처럼 무작위한 혼란된 형태가 아름답지 않은 것은 아니라며, 건축형태 미에 관한 가치관을 재인식시켰다.

아이젠만은 그와 같은 상황을 일찍 깨닫고, 건축디자인

에 컴퓨터가 가져온 복잡한 형태나 뜻밖의 형태를 곧바로 시도하고 있다. '막스 라인하르트 하우스' 계획안(1993년)에서는 폴딩(접어넣기)이라는 수법을 사용하여, 거대하게 서있는 아치 모양의 건축물을 디자인하였다(그림 97). 그것은 축선을 어긋나게 하는 수법을 되풀이하여 여러 개의 축선이 뒤얽히는 형태에 이르렀으며, 포스트 모던의 연장선상에서 해석도 가능하다. 또한 형태가 스스로의 힘과 논리로써 스스로를 조직하는 것처럼, 자기 힘의 표현으로도 볼 수 있으며, 생명력의 표현으로서 바로

그림97. 피터 아이젠만, 막스 라인하르트 하우스 계획안, 1993.

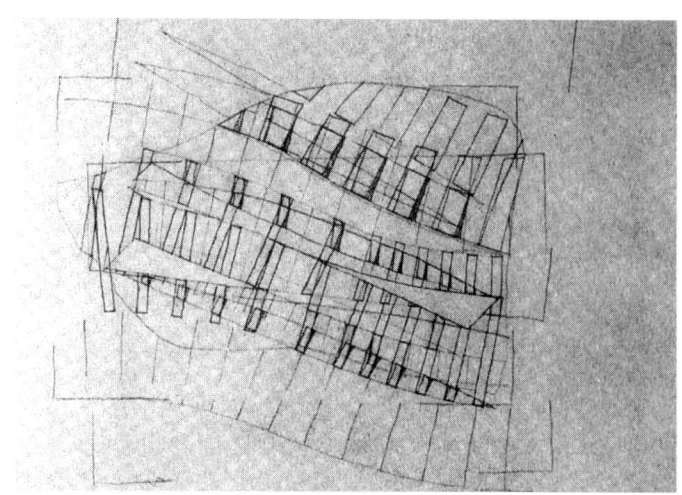

그림98. 피터 아이젠만, 레프슈톡크 파크 주택단지계획안, 프랑크푸르트, 1992.

크적 조형으로도 이해할 수 있다.

프랑크푸르트의 레프슈톡크 파크 주택단지 계획안(1992년)에서는, 지면이 접혀지고 주름 잡힌 복잡한 윤곽에서 시작해서, 거주동들을 억지로까지 전체 형태로 규정하고 있다. 거기에서 생겨난 가로에는 불규칙하게 경사진 벽면들로 덮여진 건축군이 늘어서서 마치 해변의 암초 속에 있는 것 같다(그림98).

부정형한 형태를 만들어낼 수는 있어도, 폴딩 수법은 건축가의 자유도를 제약하고, 일정한 논리에 따르도록 강요한다. 그 때문에 비슷하게 왜곡된 형태이기는 하지만, 예를 들면 알토의 유기주의적인 조형과 같은 프리핸드 조형과는 출발점부터 다르다. 그렇지만 거기에는 같은 유기적인 형태를 지향하는 의지가 움직이고 있어 서로 비교할 수 있다.

아이젠만은 구성주의에서 시작하여 축선의 비틀림을 경험하면서 무기적 형태에서 탈출을 도모하였고, 결국에 등질성等質性을 어디에서도 찾아보기 힘든 복잡한 형태에 다다랐다. 알토가 20세기의 낭만주의 정신으로 모더니즘의 기하학 경향을 초월하려 한 것과 마찬가지로, 아이젠만도 단조로운 기하학을 졸업하고 있는 중이었다. 알토는 인간의 유기적인 두뇌가 직관적으로 다루는 프리 폼 free form에서 탈출구를 발견하였지만, 이에 비해 아이젠만은 과학적 논리의 연장 위에서 논리적으로 나타나는 복잡한 형태군에서 출구를 찾아냈다. 아이젠만은 자연환경에 에워싸인 속의 시인이 아니라 과학 기계에 편승한 다다이스트적인 시인이 되려고 하였다.

건축사가이며 건축비평가인 찰스 젠크스는 '도약하는 우주의 건축'[1](1995년)에서, 최근 복잡계複雜系의 과학으로 일괄된 과학사상을 모티브로 현대건축을 해석하려 했다. 건축형태에는 과학사상의 메타포가 표현되어 있다는 사고방식에서는, 아이젠만에서 프랑크 게리, 자하 하디드, 또한 산티아고 칼라트라바나 찰스 코레아에 이르기까지 해석의 도마 위에 올려졌다. 이미 건축사가 지그프리드 기디온이 아인슈타인의 상대성 이론을 인용해서 시공간 디자인으로서 건축을 논한 것처럼, 거기에는 근대과학의 진전과 건축스타일의 변천사이에 공통되는 베이스가 있다는 신념이 제시되어 있다. 확실히 젠크스가 말한 것처럼, 복잡계 과학의 급속한 출현과 건축디자인

[1] Charles Jencks: "The Architecture of the jumping universe", London/ New York, 1995

그림99. 하라 히로시, 야마토 인터내셔널, 도쿄, 1987.

의 조형논리 사이에는 그냥 지나칠 수 없는 관계가 있음을 알 수 있다.

하라 히로시는 '야마토 인터내셔널'(1987년)에서 복잡한 스카이라인이 있는 건축물을 디자인하였는데, 거기에서 프랙탈성, 요컨데 부분이 단편적이고 자유롭기 때문에 전체로는 정연한 윤곽을 이루지 못하고, 복잡하게 들쭉날쭉한 모양이 되는 형태시스템의 디자인 예를 보였다(그림99).

그는 건축물을 운모雲母로 보아, 얇은 판이 겹쳐지고, 박리되어 윤곽이 흐트러진 모습을 건축형태로 표현하였다. 내부복도에 면한 유리에는 복잡한 형태구성을 표현한 작은 그림을 넣고, 유리 여러 장을 투과해 보이는 하늘의 구름이나 숲 속 나무들의 프랙탈성과 혼합시켜, 깊이가 균일하지 않은 다층화된 공간 분위기를 자아내고 있다.

수학적인 논리를 건축디자인에 적용해왔던 하라 히로

2) 『空間〈機能から様相へ〉』原廣司著, 岩波書店, 1987

시는 저서 『공간〈기능에서 양상으로〉』에서, '양상론様相論'이라는 말로 안개에 싸인 공간과 같은 모호함, 깊이, 정체停滯라는 것들을 제시하려했다.[2] 미스의 균질공간 지향을 비판하면서, 하라 히로시는 균질하지 않은 공간을 주제로, 정체해 있거나 폭주하는 다층적 공간을 연출할 만한 장치를 만들면서 독특한 공간이론에 도달하였다.

　이처럼 디자인 방법은 구성주의적인 조형의 연장 위에서 왜곡된 형태군으로 복잡성을 표현하려 했던 구미의 건축가들과는 다른 과정을 제시하고 있다. 그는 애초에 기계장치 설계자처럼 건축을 인위적인 장치가 되도록 하였지만, 앞서 말한 취락의 구조론적인 연구로, 취락 같은 복합건축을 고안하기에 이르렀고, 더욱이 자연 속에서 취락공간의 깊이감이나 농도차, 다양한 요소와 풍경과의 결합에서 배운, 미묘하고 복잡한 공간 창조를 테마로 하였다. 거기에는 단조로운 논리를 비판하면서, 더욱 교묘한 논리를 제시하려 한 근대이성의 도전을 여전히 볼 수 있다.

　우뇌의 예술적인 직관이 이루었던 일을 좌뇌의 논리로 치환한 것이다. 진화를 겪었던 자연공간이나 문명을 구축했던 역사를 가진 공간은 어떤 장소도 균질하지 않고, 끝없이 복잡하고 변화가 있으며, 그것을 하라 히로시는 양상modality이라는 말로 붙여, 인공적으로 재현하는 장치로서 건축을 조립하는 것을 목표로 하였다. 여기서는 인테리어공간과 건축물을 덮은 대기 자체가 디자인 대상이 되었지만, 건축가로서 할 수 있는 것은 공간을 구획하는 벽이나 지붕밖에 없어서, 그 결과 거기에 장치가 들어가게 된 것이다.

후기 바로크 교회당의 만곡되며 교착되는 천장, 다양하게 채색을 달리하며 결합된 장식군, 그러한 조형은 창을 통해 들어오는 투명한 빛을 난반사시켜, 그림자와 양달을 만든다. 또한 후기 고딕성당의 섬세한 구조나 복잡한 장식군은, 스테인드글라스를 통해 어두운 공간에 주입되는 빛으로 농도차가 있는 내부공간을 만들었다. 이것들은 정연한 프로포션과 부재구성으로 이루어진 르네상스의 명쾌한 형태가 만든 균질 공간과는 대조적이었다. 다채로운 조형물이 혼재하는 복잡성이 공간의 깊이를 연출하는 수단이 되었다.

손으로 잡을 수 없는 구름처럼, 오브제와 입자를 부유하게 하는 공간이 디자인 대상이 될 때, 건축가는 형태화라는 목표에 도달 불가능한 무한의 창조과정에 빠질 수밖에 없다. 그것은 고딕성당처럼, 본래는 여러 화가나 조각가, 음악가들의 작품이 더해진 종합예술이었다. 건축가가 거기까지 개입해서는 안된다는 사고방식도 있다. 그러나 또한 남부 독일에 있는 후기바로크 양식의 작은 교회당을, 건축가이며 조각가이자 화가이기도 한 어떤 인물이 완성시킨 것처럼, 건축가는 스스로 전체를 연출하고 창조할 수도 있다. 카오스시대에는 다원적인 가치를 종합하는 것 그 자체가 테마가 된다. 복잡계의 과학은 단순한 장치로 복잡성을 연출할 수 있다고 가르치지만, 그것은 건축가 한 사람만으로 카오스를 연출하는 것이 불가능하지 않다는 것을 보여주고 있다.

카오스 수학이 언뜻 복잡한 현상으로 생각되는 것도, 어트랙터attracter라는 것을 기축으로 그 주위에 어떤 일정한 흔들림을 지니면서 일어나는 반복현상으로 이해될 수 기 때문이다. 그리고 단순한 방정식만으로도 혼란스러운 상황을 재현할 수 있음이 확인되었다. 그와 같은 장치를 고안하는 것이 복잡성을 주제로 하는 시대에 건축가의 과제이다. 아이젠만이 단순한 폴딩 논리로 만들어 내고자 한 것은, 건축형태 그자신의 복잡성만이 아니라, 복잡한 형태 때문에 만들어지는 공간과 경관의 복잡성이었다.

20세기 초에는 과학과 이론이 공간형태를 단순화시켰으며, 그리고 단순한 논리에서 효과적인 거주기계로서 건축을 재구성하려고 시도되었다. 그러나 지금은 생각을 역전시켜, 복잡함을 목표로 극도로 복잡성의 길을 걷고 있다. 인간이 호모 파베르homo faber(창조하는 인간)로서 신에 대항하기 시작한 때부터 가지고 있었던, 말하자면 업業과 같은 것으로, 인간의 욕망이 계속되는 한 창조도 계속되는 무한한 여정이다. 바로크가 그 궁극적인 표현을 후기바로크까지 계속 추구한 것처럼, 오늘날 복잡성의 디자인을 의식하는 건축가는 끝없는 궁극적인 복잡성을 테마로 할 수밖에 없다.

2. 싹 돋는 시기의 새로운 패러다임

에콜로지 자연주의

현대에서 에콜로지는, 인공물이 자연계에 위협을 주고 대기권마저도 변화시켜, 지구를 생명체가 살 수 없는 장소로 만들어버릴 것 같다고 인식하였을 때 위기감 속에서 논의되기 시작하였다. 프레온가스는 오존층을 파괴하여 자외선을 지상에 이르게 하였다. 균형을 잃고 배출되는 탄산가스는 지구온난화를 가져와, 북극, 남극의 얼음이 녹아 해면이 상승하면서 해안 연안의 도시권이 수몰되고 또한 기상현상이 크게 어지러워졌다. 그 같은 큰 위기 앞에서, 인간이 할 수 있는 것은 근대문명의 재평가와 생활스타일의 변경이다. 거기에 건축디자인으로 가능한 것은 아무것도 없는 것만 같다.

그러나 역사상 다양한 시대에, 인류는 저마다의 과제를 건축양식으로 표현해 왔다. 신전이나 교회당, 궁성은 각 시대의 테마를 상징적으로 해결하는 수단이었다. 근대에서도 근대합리주의 사상이 건축양식을 형성했다는 것이 옳다. 모더니즘이 만들어 낸 건축양식은 바로 그 20세기의 예였다. 그와 같이 21세기에 다시 새로운 건축양식이 탄생하리라는 것은 부정할 수가 없다. 그리고 그것이 에콜로지라는 테마와 밀접하게 관계 있는 것도 충분히 예측할 수 있다.

정작 에콜로지가 목표로 하는 것이 무엇인가 하면, 우선은 자원의 소비를 가능한 한 적게 해야 한다라는 검약형 생활스타일이며, 다른 한편으로는 동물이나 식물을 일방적으로 지배했던 문명을 그들과 공생하는 문명으로 전환하는 것이다. 19세기 말기에는 산업혁명 후의 사회가 네오 바로크의 낭비형으로 진전되고, 다른 한편 그것을 비판하려는 자연주의, 사회주의 경향이 나타났다. 현대사회의 심리적인 구조는 이러한 시대와 어떤 면에서 아주 비슷하다고 말할 수 있다. 에콜로지가 현대적인 자연주의라는 것은 논의할 여지가 없겠지만, 그것이 러시아 혁명 이전의 소박한 사회주의와 같은 동기를 가졌다는 것도 깨달아야 한다.

여기서 『유토피아에서』(1890,93년)를 저술하고, 또한 아트 앤 크래프트 운동의 공예가로서 알려진 윌리엄 모리스를 주목할만 하다. 『유토피아에서』는 문명사회를 멀리 벗어난 가공의 섬에 높은 공예수준을 가진 사람들이 행복하게 사는 장소가 있다는 소설이었다. 그의 이상은 전통공예를 유지, 발전시킬 수 있다는 것이며, 당시의 기계생산이 만들어 내는 시시한 양산품을 비판하였다. 이는 유토피아 사회주의 또는 예술사회주의라는 범주에 들어가며, 마르크스처럼 경제시스템을 바꾸기 위해 사회혁명이 필요하다고 주장하는 급진적인 사회주의와는 달라서 몽상가로 보이기도 하였다. 전통적인 가치를 중요하게 생각한 모리스는 '고건축물 보존협회'를 결성해서, 역사적 건축의 보존운동도 적극 전개했지만, 거기에는 단순히 회고적인 취미가 아닌, 공예를 매개로 한 미래사회의 전망이 포함되어 있었다.

기계문명을 부정하고, 수작업을 추천 장려하는 운동이 곧 1919년에 그로피우스를 교장으로 바이마르에 개교했던 바우하우스로 이어지게 되고, 수작업을 바탕으로 한 기계생산이라는 20세기의 응용예술로 전환되었다고 하는, 모던 디자인발생 메커니즘에 대한 미술사가 니콜라스 페브스너의 주장이 잘 알려져 있다. 이를 통찰해 볼 때, 에콜로지 시대의 모리스를 어림해 본다면, 현대의 공예나 건축의 발전방향을 예측할 수 있다고 생각된다. 모리스는 아트 앤 크래프트 운동의 이미지 리더였으며, 이 운동에 모였던 예술가의 한사람으로서, 모리스 자신이 실내 디자인에 관여했던 「붉은 집」을 설계한 건축가 필립 웹의 자세가 건축세계에서 참고가 된다.

웹은 주로 주택을 설계하였지만, 그가 설계한 주택들은 비교적 두드러지지 않고 검소하게 보인다. 그것은 전통적인 전원주택의 형식을 답습하면서도, 「붉은 집」의 원형 창에서도 알 수 있듯이 모던한 기하학을 갖추고 있었다. 그것은 다른 주택에서도 작은 3각형 파풍破風을 연속시키는 평범한 기하학적 디자인으로 인식되었다. 전통으로 회귀함과 동시에 모더니즘으로의 싹이 확실하게 있었다. 거기에서 키워드는 산업사회의 풍부함 추구를 거부하는

그림100. 안도 타다오, 물의 교회, 홋카이도, 1988.

것과, 인간 손의 복권이었다. 소비사회의 한계를 인식하고 있는 현대의 에콜로지 사상은, 어쩌면 수작업에 상당하는 것을 발견해내는 것이 아닐까 라고 생각된다. 그것은 단순한 전통적인 장인職人의 작업을 가리키는 것이 아니라, 수작업에서 출발하여 공업디자인으로 전환된 바우하우스 같은 의미이며, 현대인간의 육체가 직접 디자인에 관여하는 것을 의미한다.

안도 타다오가 스스로의 조형 어휘를 콘크리트 타설한 평탄한 벽으로 한정하고, 건축의 몸체를 인간의 육체로 엄격히 대치시켰으며, 또한 공간에서 인위적인 디자인을 제거하여, 빛이나 바람, 물과 같은 대자연에서 직접 제공되는 자연요소로 만들어내는 수법에는, 현대의 에콜로지 사상으로 발전될 수 있는 구도가 보인다(그림100). 포스트 모던의 다양성, 복잡성의 경향에서 알 수 있듯이, 20

세기 후반은 건축형태를 복잡하게 변화시키는 것이 주류였다고 말해도 좋다. 거기에서 안도의 작풍作風은 시대의 흐름에 저항하는 것이며, 20세기의 기술, 산업문명에서 뒤쳐진 듯 하다. 그러나 그 안티 테제는 값싼 비용으로 대중 주택을 설계하는 건축가들의 모델이 되어 왔으며, 산업사회, 소비사회의 주류와는 다른 흐름을 성장시켰다.

이러한 단순성 지향은 루이스 칸의 기하학 디자인에서도 볼 수 있지만, 칸의 디자인은 신전과 같은 웅장함에서 시작되며, 또한 르네상스 시대 네오 플라토니즘의 이상으로 존재했던 신성한 형태의 지상 투영이라는 테마였다. 한편 안도는 대중생활의 장소인 연립주택(나가야長屋)에서 시작하여, 육체와 접촉하는 작은 공간을 확대모형처럼 넓혀갔으며, 신전 같은 것과는 출발점부터 다르다. 칸의 작풍에는 동시대 공간구조론의 논리가 있었음을 앞서 지적하였지만, 그는 복잡화로 향하는 시대의 흐름을 초월하여, 서투를지언정 단순성을 고집하는 방향으로 나아갔다. 그것이 20세기의 산업문명, 소비사회를 비판적으로 보는 사람들에게 굳건한 인기를 불러일으키고, 또한 포스트 모던의 선구자로도 불리게 되었다. 안도는 르 꼬르뷔제의 퓨리즘 공간디자인에서 배우고, 칸의 단순성을 흡수해서, 그것을 시트파 수도회와도 비교되는 독자적인 금욕과 검약 정신에 끌어들였다.

현대의 디자인상황을 이해하는 데, 아트 앤 크래프트 art ane craft 운동과 안도 타다오를 나란히 두고 보는 것은 의의가 아주 깊다. 패션디자이너들의 복식제품과 안도의 콘크리트 타설 건축이 상호보완 관계를 이루고 있다는 의미에서, 이는 필립 웹과 윌리엄 모리스의 제휴와도 비슷한 구도임을 어림해볼 수 있기 때문이다. 대중의 복식을 지향했던 미야케 이세이三宅一生의 치마주름pleats 디자인 같은 것을 생각해보면, 현대패션에서도 아트 앤 크래프트 운동의 영향을 볼 수도 있다.

복잡함이나 풍성함을 거부하는 디자인으로서, 미니멀리즘이라는 건축스타일이 있다. 헤르쵸크Herzog & 드 무롱de Meuron의 건축은, 불완전하지 않을까 라고 생각될 정도로 여러 요소들을 생략하고 있다. 없앨 것은 없애고 형식을 가능한 한 단순화시킨 뒤에, 얇은 덮개 같은 상자모양의 건축물이 남을 뿐이다(그림101). 마치 복잡성을 지향하는 포스트 모던의 조형 게임은 그들에게는 전혀 관계가 없었던 것 같다. 전후 독일은 나치의 과잉하기까지 한 문화정책을 반성하며, 건축을 극단적으로 예술가적인 발상에서 떼어놓고, 기술적인 공작물로 간주해 왔지만, 그 합리성 미학이 스위스에까지 영향을 미쳤다고 말할 수 있지 않을까.

미니멀리즘 계열 건축가들의 여러 작품에서, 간신히 남겨진 건축의 피막은 단순

그림101. 헤어쵸크 & 드 무롱, 시그널 박스, 바젤, 1995.

한 파사드가 아니고, 고도의 기술을 짜 넣은 장치로 변모한다. 안도의 공예작품 확대모형과 같은 소박한 콘크리트 벽과는 달리, 남겨진 벽은 미니멀한 기계장치이며, 20세기의 기계모델 시대의 최후 단계가 새겨지게 된다. 예전에 같은 스위스 건축가였던 한네스 마이어가 공장 생산장치와 같은 건축상像을 추구했던 것과 비교하면, 여기에서는 기계적인 것은 정보기계를 짜 넣은 작은 장치로 변했다. 또한 같은 스위스 출신인 르 꼬르뷔제가 원점으로 했던 퓨리즘의 큐브가, 완전히 다른 재료로 미니멀리즘으로 재현되었다. 시대가 한바퀴 돌아온 것만 같다.

한편 현대의 자연주의는 새삼스럽게 지구를 재발견한다. 기하학적 타이폴로지의 발상에서 순수한 기하학 형태인 플라톤 입체가 선호되고 프랑스 대혁명기의 불레나 르두의 구체球體 건축이 재평가되어 왔지만, 파르크

그림102. 하세가와 이츠코, 쇼난다이 문화센터, 후지사와, 1989.

드 라 빌레뜨의 미러 볼mirror ball과 같은 구체로부터, 더욱 더 지구의가 상징적으로 표현된 하세가와 이츠코 長谷川逸子의 '쇼난다이湘南臺 문화센터'(1989년)로 이르게 된다(그림102).

그러한 상징으로서의 지구만이 아니라, 사람이 땅 속으로 들어가는 것으로 지구를 의식하기 시작한다. 에밀리오 암바스는 일찍부터 푸른 대지에 묻혀진 건축공간을 제안했지만, 지구환경을 재평가하려는 세계적인 의식변화를 배경으로, '후쿠오카 아크로스'(1995년)에서 실제 건축물로 실현하였다(그림103). 아키그램의 한 사람으로서 도시를 기계장치로 보았던 피터 쿡은, 1970년대의 '어반 마크' 프로젝트 이후, 두드러지게 낭만주의화 되었고, 기계장치를 녹지로 덮어 마치 산처럼 유기적인 지형으로 변모시켜 왔지만, 거기에는 마찬가지로 인간의 지혜를 능가하

그림103. 에밀리오 암바즈, 후쿠오카 아크로스, 후쿠우카, 1995.

그림104. 피터 워커, 마루가메 역전 광장, 마루가메시, 1991.

는 지구의 자연적 힘에 대한 외경이 나타나 있다.

 지구에 대한 관심은 지표면을 디자인하는 새로운 수법을 찾게 되면서, 피터 워커와 같은 새로운 타입의 랜드스케이프 디자이너를 등장시켰다. 그는 유럽대륙의 기하학정원 전통과 미국의 야생 자연을 집어넣어 도시공원 수법을 융합하고, 정원 같기도 하면서 동시에 도시광장 같기도 한 디자인 스타일을 완성하였다(그림104). 절충주의와 픽처레스크가 융합된 파르크 드 라 빌레뜨의 '파크'라는 포스트모던시대에 탄생한 장르도, 마찬가지로 기하학적으로 지면을 구획하고, 땅속에서 나타난 것 같은 구조물로써 대지예술 Land Art의 건축판이라고도 부를 수 있는 테마를 개척했다. 지표면을 보전하면서 예술의 대상으로 한다는 지구에 대한 경의가 거기서 길러지고, 지구환경 시대를 건축·도시디자인의 하나의 양식으로 결정화하고 있다.

테크놀로지 건축과 정보공간

 20세기 기계문명에 대한 비판은 한편에서는 에콜로지 사상을 잉태시켰고, 다른 한편에서는 더욱 고도의 기술문명으로 도약을 모색케 했다. 후자는 정보기술이 가져온 것이지만, 그것은 단순히 컴퓨터 장치를 생산하고, 활용한다는 정도에 그치지 않고 깊숙이 패러다임의 변화를 불러왔다.

20세기의 기계가 미래주의자들이 몹시 기뻐했던 철도나 기관총처럼, 말하자면 인간의 육체를 대체하는 운동장치에 지나지 않았던 것에 비해, 정보장치는 인간 두뇌를 대체하기 시작하여 로봇이 실현되고 있다. 모더니즘건축이나 기능주의건축의 서투름을 포스트모던이 비판하고 있지만, 보다 슬기로운 건축기술과 계획수법이 등장한다면 그 불만의 일면은 해결될 수 있을 것 같다. 그런 의미에서 기계를 모델로 하는 건축상像은 착실하게 진보해 왔다. 기술의 진보에는 요동 현상을 수반하는 문화의 진전 같은 복잡함은 없고, 언뜻 보기에 포스트모던의 화려한

그림105. 렌쪼 피아노, 리차드 로저스, 퐁피두 센터, 1997.

조형스타일 게임에 영향 받은 것도 없었다.

렌쪼 피아노와 리차드 로저스는 '퐁피두 센터(상트르 보브르)'(1977년)에서, 구조기술자 오브 아럽Ove Arup의 지원을 받아 아키그램의 장치적 건축 발상을 잇게 된다. 기둥 없는 주공간 주변에 부속공간이 되는 장치류를 둘러싸 만든다는 발상은 공간구조론 시대의 것이지만, 그것은 더욱 효과적인 기계장치로서 기술적인 발전을 이루고 있다(그림105).

로저스가 설계한 '로이드 오브 런던'(1986년)에서는 더

그림106. 리차드 로저스, 로이드 오브 런던, 1986.
그림107. 노먼 포스터, 홍콩 상하이 은행, 1986

욱 기계장치화된 건축모습이 나타났으며, 오피스 공간 주변에 여러 개의 누드see-through 엘리베이터가 빽빽이 들어서 있다. 덕트는 건축벽면의 비례디자인으로 편입되고, 옥상을 채색된 벽면 청소용 곤돌라의 크레인으로 꾸몄다(그림106). 또한 노먼 포스터는 '홍콩 상하이 은행' (1986년)에서 같은 메가 스트럭처를 엘리베이터 샤프트군이 끼워진 초고층 오피스빌딩의 스타일로 제시하였다(그림107).

 그들은 포스트모던의 감성주도 경향에 대하여 독립된 노선을 걸은 하이테크 스타일로도 일컬어지는 건축가들이며, 그들이 하이테크에 더해 더욱 몰두한 것은, 기술의 진보와 아울러 정보장치를 건축물에 집어넣은 것이었다. 그리고 거기에 에콜로지에 대한 관심을 합체시켜, 정보기술과 에콜로지라는 미래기술과 근대 비판이라는 언뜻 보기에 상반된 방향을 융합시키려고 했다. 감성보다도 이성을 계속 기반으로 하여 근대합리주의를 착실하게 계승한 그들이지만, 이미 이탈리아 미래파나 러시아 구성주의의 중공업적인 기계모델로부터는 멀리 벗어나, 초고층건축마저 철에서 알루미늄으로 경량화시키고, 가느다란 기둥과 커다란 유리 면으로 바람의 흐름을 통과시키는 것같은 부드러움을 감돌게 했다.

그림108. 렌쪼 피아노, 칸사이 신공항, 오사카, 1994.

피아노는 '칸사이關西 신공항'(1994년)에서 수면에 엎어놓은 듯한 가늘고 긴 용기 같은 건축 형태를 제시하고, 또한 물결치듯 흐르는 실내 바람에 맞추어 단면형을 디자인하였다(그림108). 한쪽의 거대한 오픈공간에는 유리 아래로 나무들을 심었고, 건축 구조미의 주장도 없다. 예전에 씩씩한 건축모습은 자취를 감추고, 그 윤곽도 구조역

그림109. 장 누벨, 아랍세계 연구소, 파리, 1987.

학만으로 결정되지 않는다. 그밖에도 기술지향 건축가들의 관심은, 실내 바람의 자연적인 흐름을 발생시키고, 에너지 절약 기술을 적극적으로 도입하는 등, 에콜로지시대로 향하는 명확한 방향을 나타내고 있다.

컴퓨터는 그러한 하이테크 건물에서 환경 제어기술로서 쓸모가 있으며, 센서가 기온 변화를 포착하여 인간환경을 가장 알맞게 하려고 공조장치를 작동시킨다. 장 누벨은 '아랍 세계연구소'(1987년)에서, 입사되는 태양광의 열량을 조정하려고 카메라의 조리개 기술을 응용한 유리벽면을 고안하였다(그림109). 그것은 벽이라는 것이 두꺼운 돌이나 벽돌 덩어리가 아니고 투명한 유리도 아니며, 정보설비로서 제어되는 정교한 기계장치로 마침내 변모한 것을 의미하는 기념비적인 작품이었다. 점점 건축은 더 이상 단순한 건물이 아니게 되었다.

근대에서 건축의 상식은 착실하게 계속 뒤집혀지고 있다. 건축의 모습은 19세기에 철골구조 이론이 만든 경쾌한 구조물로 변하였고, 20세기에는 움직이는 기계장치로 변하려 했으며 지금은 다시 로봇으로 변모하기 시작한다. 기둥이 정연하게 늘어서 튼튼하게 떠받치는 그리스 신전의 이상은 어느새 먼 과거의 환영이 되어 가는 것 같다. 그리고 한층 더 정보기술은 상식적인 건축모습을 컴퓨터의 디스플레이 상에서 변화시키려하고 있다.

2차원 CG(컴퓨터 그래픽스)의 등장은 CAD(컴퓨터 지원설계)를 가능하게 하고, 설계사무소에서 제도판을 몰아

내고 있지만, 마침내 3차원 CG의 등장은 디스플레이 속에서의 조형이라는 시대를 가져오고 있다. 가상공간으로 제작된 건축형태에는 이미 중력은 관여되지 않고, 색채는 음영을 알 수 없이 명쾌하며, 프리미티브로 이름 붙여진 플라톤 입체군의 조합이 허공을 날 듯 놓여진다. 현실의 거리감각을 상실하고, 공간의 경제관념도 희박해지면서, 건축의 모습은 의외의 방향으로 흘러가기 시작한다.

그와 같은 발상은 렘 콜하스의 여러 건축작품 속에서 나타나고 있다. 그것은 네덜란드 전통이라고도 할 수 있는 데 스틸 풍의 구성주의를 기본으로, 그것을 입체화한 것이며, 벽이나 오브제의 요소가 공중에 매달린 것같이 짜여져 공간을 구성하고 있다(그림110). 파리의 '국립도서관' 현상설계안(1989년)에서는, 육면체와 비슷한 커다란 보이드가 있고, 그 중에 곡면입체 덩어리 몇 개가 공중에 매달려 있다. 곧 큐브는 투명한 상자에 지나지 않게 되며, 또한 형태는 중량감을 잃고 지면이나 바닥에 안정되게 자리잡고 있지도 않았다. 마찬가지로 3차원 CG공간의 오브제군 같은 발상은, 타카마스 신의 쇼고시 '쿠니비키 메세'(1993년)에도 나타난다.

건축물의 바깥 틀을 평판으로 하고 금속으로 깔끔하게 하거나 유리로 투명하게 하였다. 한편 내부공간에 건축물과는 분리된 오브제 같은 작은 방이나 장치류를

그림110. 렘 콜하스, 쿤스트 할레, 로테르담, 1992.

산재시키는 방법에 새로운 세대의 건축가들이 많이 몰두하고 있다. 건축물이 개인적인 걸작을 만들어내는 심원한 예술이라기보다는, 공유되고 제도화된 방법이 되었다고 할 수 있다. 건축물은 한편으로 피막화되고, 다른 한편으로는 인테리어 디자인화 되어 간다.

건축의 '피막' 이라는 테마는 거슬러 올라가면, 1870년대 고트프리트 젬퍼가 저서 『양식론』에서 이론화했던 것이 생각난다. 그것은 19세기 말에는 오토 바그너의 '마조리카 하우스' 처럼, 꽃무늬 벽지를 파사드 전면에 붙인 것 같은, 텍스처 매핑형 건축이라고도 말할 수 있는 것으로 승화되어간다. 피막화라는 현상도 또한 건축의 주기적 변화 속에서 일정한 자리를 차지하고 있다고 생각된다. 20세기말 현대에는 디스플레이가 피막으로서 건축물에 해당하고, 3차원적으로 표현된 화상이 인테리어 디자인이 된다. 그 모델이 그대로 건축물의 스케일로 확대되었다고 상상한다면, 3차원 CG가 건축디자인에 미치는 영향을 이해할 수 있다.

디스플레이 속의 공간은, 이전에 조형예술가가 두뇌 속에서 처리했던 이미지 만들기 작업을 대체하고 있다. 문자를 통한 컴퓨터는 전자두뇌로서 인간두뇌를 대신한다. 두뇌가 상상하는 것이 바로 디스플레이 공간에서 구체화되고 변형되며, 생각한 형태대로 정리된다. 버추얼 리얼리티(가상현실)라는 새로운 개념이 필요했던 것처럼, 두뇌속 공간과 현실 공간사이에 제3의 미디어 공간이 성립되어 버렸다.

투시도법은 초기 르네상스시대에 건축형태의 패러다임 전환을 이끌어 내었다. 그 투시도법도 20세기 초기에 큐비즘과 기계적인 엑소노메트릭 도법의 도법혁명을 통해서 효과를 상실하게 되었지만, 3차원 CG라는 디지털 투시도법으로 완전히 변화된 모습으로 부활했다. 3차원 CG에는 큐비즘의 발상도 나타나 있고, 그것은 투시도법의 발상법과 합쳐서 통합되었다고 말할 수 있다. 이 새로운 투시도 기술이 르네상스에 해당하는 거대한 패러다임 변화를 초래하지 않는다고는 말하기 어렵다.

그것이 어디까지 미지의 건축상像을 개척해 갈지도 예측하기 어렵다. 한 방향으로서 CG가 플라톤입체 만이 아니라 스플라인spline 곡선을 이용한 기묘한 곡선입체 묘사에 능숙한 것을 들 수 있다. 피아노가 '칸사이 신공항'에서 구체화한, 바람이 흐르는 법칙성에 따르는 자유곡면의 피막디자인이 이에 가깝다. 정연한 평면 지붕이라면 치수가 같은 부재를 많이 만들어두면 되지만, 서서히 만곡하는 지붕이라면, 여러 철골 부재로 조립되는 것에는 차이가 없지만, 치수가 다른 여러 종류의 부재를 준비해야만 한다. 그러나 메카트로닉스에 의해 로봇화된 공장은 그것을 교묘하게 실현했다. 상식에 구애된 두뇌로는 시대의 빠른 전개를 따라 갈 수 없다.

이토 토요의 '센다이仙臺 미디어 테크'(1994년)는 기둥의 상식을 무너뜨렸다(그림111). 거기에는 가지런하게 나

그림111. 이토 토요, 센다이 미디어 테크, 현상설계안, 1994.

열되는 원주나 각주는 없고, 자유로이 불룩해지거나 잘룩해진 자루모양의 망과 같은 것이 산재할 뿐이다. 원기둥은 르 꼬르뷔제의 필로티로 상징되는 퓨리즘 원기둥이라는 20세기의 상식에서 탈피하여, 스플라인 곡선으로 그려진 통이 되어 용해되었다. 오래 전 아르누보시대에 귀마르는, 양식장식이 된 원기둥을 마치 용액으로 녹인 것같이 우아한 곡면으로 변화시켰다. 아르누보는 19세기의 상식을 거기에서 완전히 무너뜨렸다. 그리고 큐비즘으로 시작한 20세기의 상식은, 마찬가지로 용해된 원기둥이라는 낙관을 남기면서 붕괴되어 가는 것 같다.

　스플라인 곡선은 여러 개의 점을 경유해서 완만하게 연결된다. 거기에는 퓨리즘의 원기둥처럼 원의 반경과 기둥 길이만으로 결정되는 극소의 정보량과는 다르게, 여러 개의 3차원 좌표를 준비해야만 하고 정보량도 많아지게 된다. 그것은 복잡한 형태라고 말하지 않으면 안되며, 거기에서 20세기 후기에 뚜렷이 드러나는 복잡성 지향의 계보를 확인할 수 있다.

다만, 다른 한편으로 이토 도요의 건축 윤곽은 유리 큐브라는, 미니멀리즘과도 공통되는 단순성을 나타낸다. 하나의 건축형태 중에서 단순성지향과 복잡성지향은 서로 나뉘어져 20세기의 총괄이 되어간다. 어째든 21세기의 이른 시기에, 이전의 베렌스가 아르누보와 신고전주의라는 두 개의 노선으로 나타낸 것처럼, 복잡한 형태와 단순한 형태의 대결이 기다리고 있음을 예감할 수 있다.

결론   21세기로

　이렇게 20세기 건축은 큐브의 재발견에서 시작되어, 큐브의 발전, 여러 형태로의 큐브 해체과정을 겪고, 큐브에서 멀어져 복잡성으로 향하며, 붙잡을 곳 없는 막연한 카오스로 끝난다. 큐브는 단순성의 상징이며, 카오스 형태는 복잡성의 극을 상징한다. 그리고 단순성을 지향하는 배경에는 무無로부터 발상하여 조립한다는 이성理性이 있고, 복잡성 지향의 배경에는 다원적인 감각을 종합하는 감성이 있다.

　결국 20세기의 100년은 크게, 단순성지향에서 복잡성지향으로의 전환이라고 특징지을 수 있다. 그러나 초기의 단순성 지향의 이전에는 19세기 후반의 복잡성 지향이 있었고, 그리고 오늘날의 복잡성 지향 앞에는 다음 세기 단순성 지향의 조짐이 거의 보일 듯 말듯 하다. 그것은 커다란 파동을 형성하고 있다. 왜 일부러 요동치는 파장을 형성하고 있는 것일까라는 물음에는, 유감스럽지만 확실한 해답과 근거를 들 수가 없다. 거기에는 진자振子처럼 왔다갔다하면서 안정되는, 생명체에 갖추진 생리적인 진동현상을 어림해 볼 수밖에 없다. 그것은 역사의 생태라고 말할 수밖에 없다.

　역사학에는 발전단계설이 있는데, 어떤 일정기간, 하나의 사고방식이 계속되고, 머지않아 더욱 뛰어난 사고방식이 발견되어 다른 단계로 이행한다고 주장되어 왔다. 역사는 한 방향으로 착실하게 발전한다. 다만 오늘날, 낙관 적으로 지나간 인류의 발전 신화는 골치 거리라고도 생각 되고 있다. 그러나 건축의 역사가 어떤 기간, 하나의 양식 을 형성하고, 어떤 시기에 다음의 양식으로 이행한다는 것은 확실하며, 더구나 거기에는 발상법의 진화와 같은 것도 보인다. 그 발상법은 토마스 쿤이 말한 패러다임이 라는 사고의 틀이다. 양식은 사고의 틀이 예술적인 형태 가 되어 침전된 것이고, 양식의 연구는 사고의 존재방식 을 발굴하는 것으로 이어진다.

그런데 역사의 발전과정, 여기서 말하는 패러다임의 성 장과 쇠퇴, 그리고 전환과정은 시간 축에 따라 사인 곡선 과 같은 진동현상을 수반하는 것 같다. 그것은 3차원적으 로 말하면 나선운동이 되겠지만, 역사가 나선운동을 이루 면서 경과한다는 설은 예전부터 잘 인용되어 왔다. 더욱 이 이 책에서는 여러 건축스타일이 사인곡선 어디쯤 위치 할까 까지를 암시하려고 시도하였다. 사인 곡선 위에서 최대치나 최소치를 이루는 정점은, 역사상 언제쯤이며, 그것이 어떠한 가치의 척도에서 본 최대치, 최소치인가를 묻는 것이라 할 수 있다. 역사가가 척도를 발견하면 안개 는 걷히게 되지만, 발견하기까지는 오리무중이다.

그런데 여기서 사용한 큐브의 양식론이라는 관점에서 는, 프랑스 대혁명에 앞선 1780년대에 불레가 구체球 건축을 구상했던 것이나, 러시아 대혁명이 일어난 1910년 대에 말레비치가 슈프레마티즘을 표명했던 것이, 한 방향의 극을 이룬다. 취리히 건축사가인 아돌프 막스 휙토가 순수기하학에 착안하라고 주장했던 것이 이 발상의 모티브가 되었다.

그것은 형태상 단순성의 극을 표현한 것이지만, 말할 나위 없이 그 전후에는 일종의 클라이맥스 高潮와 같은 시대가 있으며, 단순성으로 향하는 시기, 그리고 단순성이 서서히 붕괴되어 가는 시기가 있다. 결코 갑작스럽게 절대적인 순수형태가 출현하고, 또한 사라지는 것은 아니다. 두개의 대혁명에 관련지을 수 있는 것은, 사회의 일반적인 의식이 이 시기에 높아졌고, 사회정세를 움직이는 것과 동일한 힘이, 건축스타일도 움직이고 있기 때문이라고 생각된다. 덧붙여서 사회정세가 단순히 건축스타일에 반영되었다고는 말할 수 없으며, 오히려 건축스타일 쪽에서 먼저 혁명적인 것이 일어났다.

건축형태가 단순화되고, 순수한 기하형태가 생겨나는 것은 이성이 절대적인 지배자가 된 시기일 것 같다. 하나의 논리 때문에 전체가 희생되었으며, 피가 흐르는 비인도적인 사회혁명이 그 때에 일어났다. 근대사회는 과학적인 이성 위에 세워졌고, 프랑스와 러시아에서 두 번의 격렬한 대혁명을 경험하게된다.

혁명의 비인도성을 비난할 수는 있어도, 이성이 지배하는 시대를 버리는 것은 어느새 불가능하여, 근대라는 시대는 이성주도로 되어 간다. 그러나 과도한 합리주의는 낭만주의자의 비판을 받게 되고, 이를 계기로 보다 교묘한 합리주의로도 발전해 간다.

그런데 형태의 역사상 또 다른 타입의 전환점은 이성주도에서 감성주도로의 전환점이다. 그것은 19세기로 말하자면, 19세기 중엽의 신고전주의의 단순성 지향에서 네오 르네상스의 화려한 양식으로 전환하는 시기이며, 20세기에서는 1970년경에 모더니즘의 합리주의가 비판되고, 건축의 쾌락성을 복권하려한 포스트 모던이 전면에 나온 시기이다. 사회정세를 살펴본다면, 각각 1848~9년 대도시 봉기쯤에 해당되고, 1968년의 파리 오월혁명과 그 세계적인 여파 정도가 해당될 것이다. 이와 관련되는 19세기의 사정에 관해서는, 먼저 쓴 『건축 꿈의 계보 – 독일정신의 19세기–』에 자세히 소개하였으니, 흥미 있는 분은 아무쪼록 참조하기 바란다.

여기까지 여러 차례 설명한 것처럼, 20세기 전반이 이성주도로 전개되었고 또한 후반이 감성주도로 전개되었음은 어느 정도 이해될 만 하다고 생각한다. 물론 근대는 이성이 전체의 사고 기반을 이루는 시대이기에, 감성주도의 시대에도 착실히 이성의 작업인 논리의 수정작업은 계속된다. 말하자면, 그것은 이성이라는 냉철한 군대를 감성이라는 정감 풍부한 문민이 통제하는 것 같은 변화이다.

그리고 그밖에도 19세기와 20세기를 비교할 수 있는 시기가 있다. 1810년대와 1930년대의 낭만주의 고양기와, 대략 1870년대쯤과 1990년대의 네오 바로크화 경향의 시기이다. 단순하게 뺄셈해 보아도 120~130년이라는 숫자가 나온다. 그것이 근대의 양식변천을 규정하는 주기로 생각해도 좋다고 필자는 생각한다.

이 숫자에 문제가 없을까 어떨까, 비판을 많이 받을 듯하다는 것은 각오하고 있지만, 이상과 같은 관점에서 하나의 도전적인 가설로 보았으면 한다. 방향을 잃어 혼미한 시대라고 생각되는 현대도, 실제로 물밑으로는 커다란 흐름이 존재하고 있으며, 어째든 그것을 누군가가 지적하지 않으면 안 된다. 이 주기는 건축양식으로 볼 때의 현상이지만, 건축양식은 사회의 움직임과도 병행현상을 이루므로, 어쩌면 이 주기의 나선운동은 사회현상에서도 확인할 수 있지 않을까 라고 생각되지만, 이에 대해서는 사회사가社會史家에게 물어 보아야 한다.

이 숫자가 다시 거꾸로 거슬러 올라가서 18세기 이전에도 적용될 수 없다면, 이 설을 받아들일 수 없다는 소리도 듣게 될 법하지만, 거기까지는 나의 지식도 미치지 못한다. 또한 이 현상은 이성을 두고 말하자면 새로운 종교와 같은 중핵 사상으로 하는 근대만의 것인지도 모른다. 왜냐하면 초기 르네상스에서 후기 바로크까지의 사이에 역시 건축형태의 단순성과 복잡성이 한 사이클을 이루지만, 거기에는 삼백 수십 년의 주기를 보아야만 하기 때문이다.

그리고 또한 세계의 여러가지 현상을 하나의 물결로 이해할 수 있는 것이 아니며, 기독교 사회의 고유한 생리에 일본 따위가 관여할 것이 못된다고도 지적될 수도 있다. 거기에는 근대라는 시대가 세계를 하나의 이성에서 통합하려 한 시대였다고 대답해 두자. 인터내셔널 스타일의 보급 수단에서 알 수 있듯이, 앞선 유럽인의 이성이 차츰 세계에 받아들여지는 과정이었다.

이와 관련해서 세계를 하나로 규정하려는 시도가 제국주의시대의 식민지 정책으로 시작하여, 20세기 초기에는 인터내셔널리즘으로 발흥하고, 현재는 글로벌 네트워크라는 모습으로 이루어지고 있다. 그러한 것들은 모두 건축양식으로 나타나고 있다.

그런데 그렇게 볼 수 있다면 1990년대는 건축스타일로는 네오 바로크로 상징되는 시대이며, 또한 건축형태는 복잡성이 더욱 더 높아지는 시기였다고 규정할 수 있다. 그리고 감성이 주도하는 현재는, 이성파가 그늘로 숨은 시대이며 명쾌한 이념과 말로 시대를 선도할 수 있는 시대가 아니다. 르 꼬르뷔제의 명쾌한 이론이나 미스의 단순한 형태도 포스트 모던 이후에는 안이하게 동조되는 일도 사라지게 되었다. 현재는 19세기의 용어로 말하면 네오 르네상스, 절충주의를 거쳐 네오 바로크의 주변에 있으며, 그것은 20세기 용어로는 포스트 모던적 매너리즘에서 타이폴로지컬한 에클렉티시즘typological eclecticism, 그리고 카오스적인 형태의 위상에 해당된다.

그 연장으로 지금 이후를 점친다면, 2010~20년대 정도에 네오 아르누보와 같은 것이 나타나고, 2030~40년 대 정도에 네오 퓨리즘과 같은 것이 번성하게 될 것이다. 네오 아르누보의 조짐은 앞서 설명한 것처럼 이미 단발적으로 나타나 있는 것같이 생각되겠지만, 과연 그것이 어떠한 형태로 무르익고 어떠게 퍼져 나갈지 예측은 금물이다.

현대 건축디자인이 몰두해야 할 주제는 다양하며, 그 어느 것이 어떻게 발전할는지 막연하다. 하물며 건축분야 이외의 기술혁신이나 사회적 현상이 어떻게 움직일는지 나는 예측할 수 없으며, 건축이 어떠한 모습을 취하는지도 알 수 없다. 다만 양식에는 독자적인 생태가 있으며, 그것이 생리현상처럼 변화함을 이해하고, 또한 19세기 말기가 어떻게 추이되어 왔는가를 잘 되씹어 본다면, 어느 정도의 지혜는 나오게 될 것이다.

우선 정보기술과 에콜로지라는 두 개의 주제가 21세기 전반을 크게 움직여갈 것쯤은 예상할 수 있다. 그 위에서 생각해 보면, CG기술이 자유로운 곡면을 가능하게 하고, 다른 한편 에콜로지의 자연지향이 진보되면서, 거기에 네오 아르누보의 모습이 약간이지만 비쳐 보인다. 19세기 말의 아르누보가 언뜻 보기에, 예술가의 교묘한 개인예능으로 보이면서도, 실은 당시의 첨단기술인 주철 가공기술에 의존하고, 동시에 자연주의, 유기주의라고 하는 사조를 배경으로 한 것임을 미루어 본다면, 현대에서 정보기술과 에콜로지가 이룰 역할을 저절로 알 수 있으리라.

더욱 고급의 CG 소프트를 사용해본 사람이라면, 디스플레이 공간에 뜻밖의 기묘한 오브제를 조형하기는 쉽고, 상상력을 북돋울 수 있다는 것을 알 것이다. 그것은 인공지능(AI)의 프로그램에서 자동적으로 생성되고 탈바꿈變態되도록 하면, CG 아티스트인 카와쿠치 요이치로河口洋一郎의 비디오작품처럼 환상적인 풍경을 만들어 낼 수 있다. 버추얼 리얼리티의 기술은 10년이 지난 다음에는, 지금은 아직 예견할 수 없을 정도로 고도의 예술을 이끌어낼 가능성도 있다. 그런 형태를 현실의 건축물이나 공간으로서 구체화시키는 것이, 앞으로 건축가들이 몰두해야 할 전선前線이 될 것이라고 나는 느끼고 있다. 그것은 일렉트로닉 에콜로지라고도 부를 수 있는 문화가 되어, 도시풍경을 꾸미게 될 것이다.

그리고 그와 같은 감성주도의 흐름은 점점 더 카오스적인 세계를 개척하게 될 것이지만, 역사가 가르쳐준 것처럼 그것은 더 없이 무르익은 극으로, 말하자면 묵시록적인 종언으로 향하고, 돌연 사라지게 될 것이다. 그것과 함께, 이 경향에 대항하듯 한편에서 단순성 지향이 점차 자라나게 되고, 베렌스에서 보았던 것처럼, 네오 아르누보의 종말에는 신고전주의적인 단순성의 기하학을 향해 전환되어 질 것이다. 현대는 극도로 무르익어가는 양식과 지금부터 성장하는 양식의 두 개의 양식으로 분열해 가는 시대로 포착된다.

덧붙여서 바로크시대는 왜곡된 형태를 사용하여 호화

롭고 화려한 건축장식을 전개했던 시대로 알고 있지만, 한편으로 건축물 전체 형태로는 단순하고 강력한 심메트릭한 축을 추구하였다. 그리고 로코코시대에는 한편으로 장식이 섬세하고 복잡한 경향을 나타냈지만, 다른 한편으로는 심플한 윤곽을 가진 액자 장식이 등장해 건축물의 윤곽이나 벽면도 단순 명쾌해지는 이중성을 나타내었다. 그 후에 번성한 로코코장식은 갑자기 외면되었고, 단순성을 선호하는 신고전주의로 바뀌게 된다. 그 구도는 확실히 현대의 복잡성 지향과 단순성지향의 이중성을 생각하는 근원이 된다.

이렇게 해서 21세기는 19세기의 제1기 근대, 20세기의 제2기 근대로 이어지고, 제3기 근대로 될 것이라고 예측된다. 고대의 신전, 중세의 성당, 근세의 궁성이라는 양식 발생 장소를 고려할 때, 나는 근대의 양식 발생장소를 공장이라고 본다. 왜냐하면 근대의 패러다임은 이성으로 상징되고, 그것이 가장 잘 구현되었던 것이 공장이기 때문이다. 공장을 신전화시켰던 베렌스의 AEG터빈공장과, 그것을 계승한 그로피우스의 독일공작연맹전시회 모델 사무소와 공장이 역사상 중요한 것은, 거기에서 근대 건축양식이 발생했기 때문이다. 덧붙여서 19세기를 상징하는 공장건축은 제2차 산업을 상징하는 중공업 공장이며, 20세기를 상징하는 공장건축은 제3차 산업의 공장으로서 초고층화한 오피스빌딩이다.

이렇게 분류한다면, 21세기에도 새로운 타입의 공장건

축이 양식을 발생시킬 거라고 추측된다. 그러나 21세기의 공장이란 어떤 것인지 알 수 없다. 어쩌면 정보산업이 제4차 산업이 될 것이기 때문에, 구체적으로 그것은 완전 공조되는 클린 룸형의 공장건축 같은 것이 될 것인지? 그리고 그것은 어떤 형태로 단순성과 복잡성의 게임을 거쳐 갈 것인가? 여러 가지 상상이 떠오르지만, 해답은 21세기의 건축가들에게 맡기련다.

   이 책의 진수가 되는 아이디어는, 7년 전 출간한 『건축 꿈의 계보』를 정리할 때 떠올랐다. 그 아이디어는 건축적인 몽상이나 이미지가 주기적인 변천을 따르고 있다는 가설이었다. 앞 책에서는 그것을 19세기의 건축스타일 변천으로 보려했던 것이며, 그 때부터 20세기 판을 써야만 하겠다고 느꼈다. 조금은 대담한 가설이었지만, 그 후 수년의 건축스타일 변화는 그 가설이 틀리지 않았음을 확신하게 해주었다. 물론 건축디자인은 자유 활달하게 전개되므로, 단선적으로 흐르지 않으며, 전체가 이미 정해진 주기에 구속되어 있는 것이 아니기 때문에, 사람들은 그것을 거의 알아차리지 못한다. 그러므로 이 책의 기술에 반론도 많이 나오리라고 생각하지만, 갈릴레오에게서 배운 '그래도 지구는 움직인다'고를 앞서 말해 두고 싶다. 7년 전에 그것은 주기를 발견했다라고 하는 정도의 감각이었지만, 지금은 역사라는 것도 사회 생태로서의 현상이라는 발상에 이르렀다. 그것을 생태학사관이라고 말한다면 우스울는지도 모르지만, 역사이론이 약체화된 현재 그것을 소생시키려는 시도의 하나로서 이해한다면 다행이다.

앞 책과 마찬가지로, 이번에도 카지마 출판사 편집부의 모리타 노비코森田伸子 씨에게 신세를 졌다. 이제 점점 매우 바빠질 상황과 나이에 접어든 것 같아 펜을 잡기까지 많은 시간을 소비하였지만 겨우 출판하기에 이르렀다. 그의 관용에 다시 한번 깊이 감사 드린다.

도판 출전

그림1　Lara-Vinca Masini, "Art Nouveau", London, 1984.

그림2, 13, 15, 48, 62, 70　Mary Hollingsworth, ARCHITRCTURE OF THE 20th CENTURY, Brompton, 1988.

그림3　The Museum of Modern Art, New York, New York, 1984.

그림4　김용운, 김용국, 플랙탈과 카오스의 세계, 우성, 1998.

그림5　Fran ois Rene Roland, 이인환 옮김, 안토니오 가우디, 집문사, 1997.

그림6　G. R. Collins, J. B. Nonell, "The Design and Drawings of Antonio Gaudi", Princeton, 1983.

그림7, 17, 19, 33, 43, 44, 50　글로버아트편집부, 건축 20세기 PART , 글로버아트, 1999.

그림8, 9, 11　Bruno Taut, Der Weltbaumeister, Hagen, 1920.

그림10, 60, 72, 73　우드 쿨터만, 이선구 옮김, 20세기 건축의 경향들, 발언, 1998.

그림12　Denny Gulick, "Encounters with Chaos", MacGraw-Hill Inc., 1992.

그림14　Alan Windsor, Peter Behrens, London, 1981.

그림16, 49, 69, 95, 105, 106, 107　Peter Gossel, Gabriele Leuthauser, ARCHITECTURE in the Twentieth Century,

Taschen, 1991.

그림18, 76, 77, 79, 83, 84, 89, 97, 101   James steele, ARCHITECTURE TODAY, Phaidon Press Limited, 1997.

그림20, 39   Mies van der Rohe의 건축세계 I

그림21   Hartmut Probst, Christian Sch dlich, Walter Gropius, Berlin, 1986.

그림22, 23, 27   건축시대편집부, 르 꼬르뷔제, 건축시대, 1998.

그림24, 28, 36   J.L 페리에 편저, 이정화옮김, 20세기 미술의 모험, 에이피 인터내셔널, 1993.

그림25   H. Allen Brooks, Le Corbuiser's Formative Years, Chicago, 1997.

그림26   김도식 외, 르꼬르뷔제, 기문당, 1999.

그림29   Esther da Costa Meyer, The Works of Sant'Elia, New Haven / London, 1995.

그림30   Larissa A. Zhadova, "Malevich", Dresden, 1979.

그림31   Karl-Heinz H ter, "Architektur in Berlin 1900-1933", Dresden, 1979.

그림32, 42, 68, 75, 94   윌리엄 J.R 커티스, 강병근옮김, Modern architecture, 화영사, 2000.

그림34   Dr. Andreas C Papadakis, The Avant-Garde, Academy Group, 1991.

그림35   S. O. Chan-Magomedow, "Pionere der sowjetische Architektur", Wein, 1983.

그림37, 38, 40   Carsten - Peter Warncke, DE STIJL, Taschen, 1991.

그림41   Christine Engelmann, Christian Sch dlich, Die Bauhausbauten in Dessau, Beriln, 1991.

그림45   Deutscher Werkbynd(ed), Bau und Wohnung, Stuttgart, 1927.

그림46   Leon Krier(ed), Albert Speer Architecture, Bruxelles, 1985.

그림47   Silvia Danesi Luciano Patetta(ed), Il Rationalismo e l'Architettura in Italia duante il Fascismo, Venezia, 1976.

그림51, 56, 61, 74   길성호, 현대건축사고론, 미건사, 1998.

그림52   バーナードフスキー著 渡 式信譯, 敬意の工匠たち, 鹿島出版會, 1981.

그림53, 54   "Aldo van Eyck Projeken 1948 - 1961", Groningen, 1981.

그림57, 63, 78, 80, 88, 89, 99, 102, 109   글로버아트편집부, 건축20세기 PARTⅡ, 글로버아트, 1999.

그림58   Aldo van Eyck projekten 1948-1961, Groningen, 1983.

그림59   アリソン スミッソン譯, 寺田秀夫譯, チーム10の思想, 彰國社, 1970.

그림64   Heinruch Klotz, Vision der Moderne, Munchen, 1986.

그림65, 66 ルコルビュジエ, 每日新聞社, 1996.

그림67 "GA Document", 2, Tokyo, 1989.

그림71 Esther da Costa Meyer, The Works of Sant' Elia, New Haven / London, 1995.

그림72 H. Ronner, S. Jhaveri, A. Vasella, "Louis I. Kahn – Complete Work 1935-74", Z rich, 1977.

그림81 건축과 환경편집부, 건축과 환경, 1997.

그림82 Lisa J. Green, Richard Mier, Academy edition, 1990.

그림85, 86, 87 Colin Rowe, 김광욱, 신병철 번역, 제임스 스털링, 집문사, 1990.

그림90, 92, 100, 103, 104, 110 杉本俊多

그림91 伊東豊雄

그림93 Yukio Futagawa(ed), Zaha M. Hadid, GA Architects 5, Tokyo, 1986.

그림96 Frank O. Gehry, EL CROQUIS, 1990.

그림98 Volker Fischer(ed), Frakfurt Rebstockpark : folding in time, M nchen, 1992.

그림108 명지출판사편집부, 렌조 피아노, 명지출판사.

그림111 건축세계사편집부, TOYO ITO, 건축세계사, 1999.